国家出版基金项目
NATIONAL PUBLICATION FOUNDATION

「十三五」国家重点出版物出版规划项目

The Art of
Chinese
Silks

YUAN
DYNASTY

中国历代丝绸艺术

赵 丰 ◎ 总主编

茅惠伟 ◎ 著

元代

浙江大学出版社
ZHEJIANG UNIVERSITY PRESS

2020年浙江省教育厅科研项目

"基于实物的元代丝绸艺术研究"（Y202043550）资助

　　2018 年，我们"中国丝绸文物分析与设计素材再造关键技术研究与应用"的项目团队和浙江大学出版社合作出版了国家出版基金项目成果"中国古代丝绸设计素材图系"（以下简称"图系"），又马上投入了再编一套 10 卷本丛书的准备工作中，即国家出版基金项目和"十三五"国家重点出版物出版规划项目成果"中国历代丝绸艺术丛书"。

　　以前由我经手所著或主编的中国丝绸艺术主题的出版物有三种。最早的是一册《丝绸艺术史》，1992 年由浙江美术学院出版社出版，2005 年增订成为《中国丝绸艺术史》，由文物出版社出版。但这事实上是一本教材，用于丝绸纺织或染织美术类的教学，分门别类，细细道来，用的彩图不多，大多是线描的黑白图，适合学生对照查阅。后来是 2012 年的一部大书《中国丝绸艺术》，由中国的外文出版社和美国的耶鲁大学出版社联合出版，事实上，耶鲁大学出版社出的是英文版，外文出版社出的是中文版。中文版由我和我的老师、美国大都会艺术博物馆亚洲艺术部主任屈志仁先生担任主编，写作由国内外七八位学者合作担纲，书的内容翔实，图文并茂。但问题是实在太重，一般情况下必须平平整整地摊放在书桌上翻阅才行。第三种就是我们和浙江大学出版社合作的"图系"，共有10卷，此外还包括2020年出版的《中国丝绸设计（精选版）》，用了大量古代丝绸文物的复原图，经过我们的研究、拼合、复原、描绘等过程，呈现的是一幅幅可用于当代工艺再设计创作的图案，比较适合查阅。如今，如果我们想再编一套不一样的有关中国丝绸艺术史的出版物，我希望它是一种小手册，类似于日本出版的美术系列，有一个大的统称，却基本可以按时代分成10卷，每一卷都便于写，便于携，便于读。于是我们便有了这一套新形式的"中国历代丝绸艺术丛书"。

当然，这种出版物的基础还是我们的"图系"。首先，"图系"让我们组成了一支队伍，这支队伍中有来自中国丝绸博物馆、东华大学、浙江理工大学、浙江工业大学、安徽工程大学、北京服装学院、浙江纺织服装职业技术学院等的教师，他们大多是我的学生，我们一起学习，一起工作，有着比较相似的学术训练和知识基础。其次，"图系"让我们积累了大量的基础资料，特别是丝绸实物的资料。在"图系"项目中，我们收集了上万件中国古代丝绸文物的信息，但大部分只是把复原绘制的图案用于"图系"，真正的文物被隐藏在了"图系"的背后。再次，在"图系"中，我们虽然已按时代进行了梳理，但因为"图系"的工作目标是对图案进行收集整理和分类，所以我们大多是按图案的品种属性进行分卷的，如锦绣、绒毯、小件绣品、装裱锦绫、暗花，不能很好地反映丝绸艺术的时代特征和演变过程。最后，我们决定，在这一套"中国历代丝绸艺术丛书"中，我们就以时代为界线，将丛书分为 10 卷，几乎每卷都有相对明确的年代，如汉魏、隋唐、宋代、辽金、元代、明代、清代。为更好地反映中国明清时期的丝绸艺术风格，另有宫廷刺绣和民间刺绣两卷，此外还有同样承载了关于古代服饰或丝绸艺术丰富信息的图像一卷。

　　从内容上看，"中国历代丝绸艺术丛书"显得更为系统一些。我们勾画了中国各时期各种类丝绸艺术的发展框架，叙述了丝绸图案的艺术风格及其背后的文化内涵。我们梳理和剖析了中国丝绸文物绚丽多彩的悠久历史、深沉的文化与寓意，这些丝绸文物反映了中国古代社会的思想观念、宗教信仰、生活习俗和审美情趣，充分体现了古人的聪明才智。在表达形式上，这套丛书的文字叙述分析更为丰富细致，更为通俗易读，兼具学术性与普及性。每卷还精选了约 200 幅图片，以文物图为主，兼收纹样复原图，使此丛书与"图系"的区别更为明确一些。我们也特别加上了包含纹样信息的文物名称和出土信息等的图片注释，并在每卷书正文之后尽可能提供了图片来源，便于读者索引。此外，丛书策划伊始就确定以中文版、英文版两种形式出版，让丝绸成为中国文化和海外文化相互传递和交融的媒介。在装帧风格上，有别于"图系"那样的大开本，这套丛书以轻巧的小开本形式呈现。一卷在手，并不很大，方便携带和阅读，希望能为读者朋友带来新的阅读体验。

　　我们团队和浙江大学出版社的合作颇早颇多，这里我要感谢浙江大学出版社前任社长鲁东明教授。东明是计算机专家，却一直与文化遗产结缘，特别致力于丝绸之路石窟寺观壁画和丝绸文物的数字化保护。我们双方从 2016 年起就开始合作建设国家文化产业发展专项资金重大项目"中国丝绸艺术数字资源库及服务平台",希望能在系统完整地调查国内外馆藏中国丝绸文物的基础上,抢救性高保真数字化采集丝绸文物数据,以保护其蕴含的珍贵历史、文化、艺术与科技价值信息,结合丝绸文物及相关文献资料进行数字化整理研究。目前,该平台项目已初步结项,平台的内容也越来越丰富,不仅有前面提到的"图系",还有关于丝绸的博物馆展览图录、学术研究、文献史料等累累硕果,而"中国历代丝绸艺术丛书"可以说是该平台项目的一种转化形式。

中国丝绸的丰富遗产不计其数,特别是散藏在世界各地的中国丝绸,有许多尚未得到较完整的统计和保护。所以,我们团队和浙江大学出版社仍在继续合作"中国丝绸海外藏"项目,我们也在继续谋划"中国丝绸大系",正在实施国家重点研发计划项目"世界丝绸互动地图关键技术研发和示范",此丛书也是该项目的成果之一。我相信,丰富精美的丝绸是中国发明、人类共同贡献的宝贵文化遗产,不仅在讲好中国故事,更会在讲好丝路故事中展示其独特的风采,发挥其独特的作用。我也期待,"中国历代丝绸艺术丛书"能进一步梳理中国丝绸文化的内涵,继承和发扬传统文化精神,提升当代设计作品的文化创意,为从事艺术史研究、纺织品设计和艺术创作的同仁与读者提供参考资料,推动优秀传统文化的传承弘扬和振兴活化。

中国丝绸博物馆　赵　丰

2020 年 12 月 7 日

南秀北雄——多元文化兼容下的元代丝绸艺术

　　13—14 世纪是一个令世界激荡的时代。1206 年，成吉思汗于漠北建国，号大蒙古国。13 世纪，蒙古人推动下的草原部落空前统一，成吉思汗和他的子孙们进行了规模空前的东征西讨：灭西夏，并金国，平吐蕃，定大理。1260 年，忽必烈即汗位，后于1271 年定国号为元，并于 1279 年灭南宋，统一全国，中国历史上出现了第一个由少数民族建立的统一的封建王朝。

　　蒙古权贵对手工艺的兴趣极其浓厚，在征战中，四处掳掠工匠。蒙古军队进入中原之初曾使那里的经济遭到破坏，但统治者很快得到了教训，在忽必烈即位之初，即"首诏天下，国以民为本，民以衣食为本，衣食以农桑为本"[①]。

　　当时的统治者为了鼓励农桑生产、恢复社会经济，由司农司编撰和发行了《农桑辑要》。中统年间（1260—1264 年）薛景石编撰了《梓人遗制》，是存世最早的纺织机械科学专著。庞大的官营织造体系是元代丝绸生产的重要特色。元官府设置了大量官

---

① 宋濂，等. 元史. 北京：中华书局，1976：2354.

营作坊，集中了全国乃至中亚、西亚的大批优秀织工，进行垄断式的规模空前的生产。据《元史·百官志》记录，中央性官府作坊数量惊人，生产工艺美术品的竟达 200 所，远超其他朝代。在这 200 所作坊里，产品明确或较明确的有 156 所。其中，织造、加工丝织品的有 72 所。从丝绸作坊数量之多可见上层对丝绸产品的偏爱。

元代不但是中国历史上幅员最为辽阔的一个时期，地跨欧亚大陆，而且是文化交流的极盛时期，蒙古族文化、汉族文化、伊斯兰文化以及藏传佛教文化、欧洲基督教文化、高丽文化等多种文化并存。虽然时间不长，但元代对世界的影响却是极大的。一本马可·波罗的游记就让整个欧洲激动万分，让西方人开始对中国这个古老而神秘的东方国家充满了向往，对以后欧洲开辟新航线有着重要的影响。在欧亚大陆"蒙古和平时期"的背景下，丝织品作为一种载体及文明的物化形式，既凝结了不同方面的文化因素，又展示了文化交流的成果和力量。在研究元代的丝绸艺术时，必然会面临民族背景和多元文化的构成及其相互影响的问题。事实上，"多元文化"和"文化交流"是 13—14 世纪中国历史的显著特征，此时的政治、经济、文化都带有显著的综合性质，反映在丝织品上则是"多元兼容"。

中　国　历　代　丝　绸　艺　术

一
元代丝织品的主要考古发现

中 国 历 代 丝 绸 艺 术

　　大蒙古国时期的丝绸文物主要出土在北方。最早的是北京西长安街双塔庆寿寺海云和尚墓出土的丝织品，包括纳石失[①]、缂丝、罗帽、棉织品和一件刺绣包袱，墓葬的年代为1257年。内蒙古达尔罕茂明安联合旗（简称达茂旗）大苏吉乡明水墓出土了一批属于大蒙古国时期的丝绸服饰，包括大量的加金织物。这是一个非常大的墓葬群，属于汪古部落。这些古墓出土的丝织品具有典型的该时期特色，织金、印金织物突出，其织物纹样和工艺反映出当时的中西文化交流。同一时期的丝绸在1974年发掘的内蒙古四子王旗耶律氏古墓也有出土。新疆盐湖地区发现的古墓也许也可以早到大蒙古国时期，墓中出土了一具蒙古将军的遗体，身上的丝绸服装保存尚好。[②]

　　元统一全国后的丝绸出土更多，南北均有。内蒙古集宁路古城[③]曾发现一处窖藏，出土了极为丰富精美的丝绸服饰，据同窖

① 关于纳石失的具体解释，详见第二章。
② 王炳华.盐湖古墓.文物，1973（10）：28-36.
③ 亦称集宁路故城。

所出的墨书推断可能是一位蒙古族高官的遗物。当时的军事重镇黑城（位于今内蒙古西部）也出土过不少元代的丝绸小件。[①]1972年至1979年之间，在甘肃漳县，一个可能与汪古部落有着十分密切关系的汪世显家族墓中出土了大量的丝绸，包括加金织物、缂丝、刺绣、缎罗织物等。1999年，河北隆化鸽子洞元代窖藏同样出土了种类丰富、保存完好的多件丝织品。在属于中原地区的山东邹城，当地一位名为李裕庵的儒学博士的夫妇合葬墓中也有丝绸出土，其墓葬时间为1350年。

南方地区的元代丝绸出土，包括1956年发掘的安徽安庆范文虎墓、1960年发掘的江苏无锡钱裕墓（墓葬时间为1320年）、1964年发掘的江苏苏州吴张士诚母曹氏墓（墓葬时间为1365年）、1985年发掘的湖南沅陵黄澄存夫妇合葬墓以及浙江海宁元墓等，尤其是江苏苏州吴张士诚母曹氏墓，出土了翟鸟纹蔽膝、罗地刺绣龙纹边饰等重要丝织品，显示了元代南方丝织业发达的盛况。[②]而湖南沅陵黄澄存夫妇合葬墓出土的各色织物的品种、花式图案和服装形制与福建福州南宋黄昇墓出土的大致相同，说明元代初期南方仍多沿用宋代风格的丝织物。现列举若干丝织品出土比较集中的墓葬，进行较为详细的介绍。

---

① 郭治中，李逸友.内蒙古黑城考古发掘纪要.文物，1987（7）：1-23.
② 《中国丝绸年鉴》编辑部.收藏展览.中国丝绸年鉴，2001（1）：340-341.

（一）北京双塔庆寿寺海云和尚墓

出土时间：1955 年

地点：北京市西长安街双塔庆寿寺

墓葬简介：双塔埋葬了蒙古释教国师海云和尚及其弟子可庵和尚的骨灰。20 世纪 50 年代，北京市领导经再三考虑并征求多方意见才决定拆除双塔。

出土丝织物所属年代：1257 年前

丝织物种类及数量：纳石失、缂丝、棉织品和刺绣等。纳石失残片 4 块，均是整料剪裁后的残边，上面的唐草花纹都是用金线织出的，出土时金光耀目，旋即褪色。

墓中出土的刺绣龙袱（图 1）为绸质，中绣张牙舞爪的戏珠黄龙和彩云，四角绣有牡丹、芍药和牵牛花等，主花上还绣有"香花供养"四字。此件绣品针法多变，绣工精细，堪称大蒙古国时期刺绣珍品。

塔内出土的缂丝《莲塘鹅戏图》虽已残破，但仍可看出织造工艺的精湛与图案的华美。此件丝织品一角残破，紫色地，上有黄绿相间的水波纹和卧莲，两莲之间有鹅游泳其中。

海云和尚的贴罗绣僧帽，紫色地，正方形口沿，帽顶作四阿式，帽身四周贴绣有如意形花纹图案，中央则是火焰花纹图案。

该墓出土的丝织物由于带有确定的年代标记而受到越来越多学者的重视。[①]

---

① 北京市文化局文物调查研究组. 北京市双塔庆寿寺出土的丝棉织品及绣花. 文物，1958（9）：29.

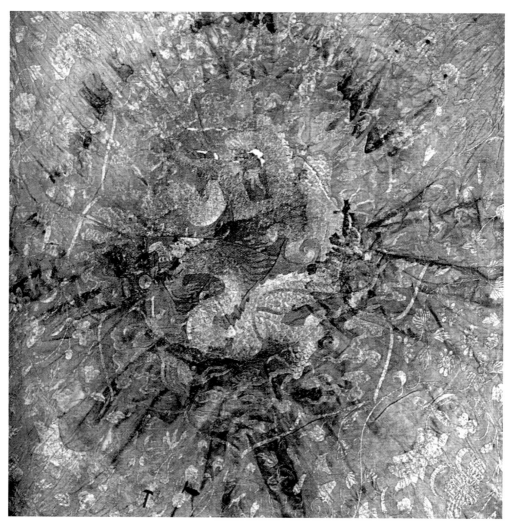

▲图 1 "香花供养"刺绣龙袄（局部）
元代，北京双塔庆寿寺出土

（二）内蒙古达茂旗大苏吉乡明水墓

出土时间：1978 年

地点：内蒙古乌兰察布盟达茂旗大苏吉乡明水

墓葬简介：据考证这是大蒙古国时期蒙古汪古部落的一处墓地。

出土丝织物所属年代：大蒙古国时期

丝织物种类及数量：织金锦袍 1 件，织锦风帽 1 顶，缂丝靴套 1 对，织锦裤脚 1 对，丝线编织腰带 1 条，以及各种残片若干。

墓中出土的织金锦袍（图 2）呈黄褐色，交领右衽，肥大拖地，窄袖口，束腰，衣料考究，做工精细。主要面料采用方胜联珠宝花织金锦，右衽底襟和左下摆夹层处及两个袖口则采用团窠戴王冠人面狮身锦（图 3）。此袍原为夹袍，尚有里层，出土时被撕落，致使与现有紫色扣襻相配对的两条扣襻亦被撕落。锦袍的双肩至袖部有一条沿着纬向伸展的二方连续图案带，图案的形制为宋代流行的四出花纹，这个四出花纹的条状图案是纬锦特有的过渡带。在锦袍的腰部，用钉线法绣有 54 对辫线作束腰（似细条绒），每条辫线由三股 S 捻的丝线加金线捻合成 Z 捻，两条一对钉在一起，直接钉在锦上，表面不露一丝针迹。

出土的缂丝靴套，顶端有吊带，两根打结后，合而为一以便于拴在裤带上，凸起包状部分置于膝盖处，整体像个大而松的护膝。其主要装饰是缂丝花卉，在紫色地上，遍饰叶子和花卉。上端用 2 厘米宽的紫色绢带缘边，之后用辫状钉线绣和整体缝合。

下端用锦缘边。此锦较窄，分析不出其图案纹样。缘边的锦用双道锁绒绣作为装饰，和
套体隔开，外边也用锁绒绣绣出双道装饰边。①

▲图2 织金锦袍
元代，内蒙古达茂旗大苏吉乡明水墓出土

①　夏荷秀，赵丰.达茂旗大苏吉乡明水墓地出土的丝织品.内蒙古文物考古，1992（1-2）：113-120.

▲图 3　团窠戴王冠人面狮身锦（局部）
元代，内蒙古达茂旗大苏吉乡明水墓出土

（三）内蒙古集宁路古城

出土时间：1976 年 11 月

地点：内蒙古集宁市元碑

墓葬简介：集宁路古城内的这批窖藏的年代，从漆碗底上"己酉"年款来看，当在 1309 年以后。己酉年，元世祖忽必烈已渡过长江，并攻灭了南宋王朝，统一了全中国。这时，江南地区的丝织物也大量输送到北方了。这批丝织物当系官府窖藏，反映了元代某些官服制度。

出土丝织物所属年代：1309 年以后

丝织物种类及数量：窖藏瓮内有 6 件完整的丝织品，其余多为残片。

出土丝织物中最有特色的当属一件紫地罗花鸟纹刺绣夹衫（图 4）。夹衫保存完好，广袖直筒状，后背用两幅织物拼接，前襟上部用棕色素罗贴边，衣领及前襟下部用纱地挖花织物贴边。衬里亦用两幅织物拼接而成。其刺绣手法，似现在的苏州刺绣，针法以平针为主，并采用打籽针、辫针、鱼鳞针等。夹衫上的刺绣图案多达 99 个，花型、大小不同，其中最大的在两肩及前胸部分。最大的一组长 37 厘米、宽 30 厘米，主题为一对仙鹤，确是元代精美之作。[①]

另有格力芬锦被一条，由两幅织锦拼接而成，原每幅宽 59.5厘米，拼接后宽 118 厘米，全长 195 厘米。锦被四周有缠枝牡丹

---

① 潘行荣.元集宁路故城出土的窖藏丝织物及其他.文物，1979（8）：32-35.

花纹作边，中间以六边形的龟背纹作地，龟背内添以六瓣小花。上面有两两错排 10 行、每行 5 个共计 50 个瓣窠图案，瓣窠中间为一对格力芬。花边幅宽 10 厘米，中间龟纹经向循环为 37 厘米，纬向循环为 19.5 厘米，左右花边的经向循环与中间相同，上下花边的纬向循环与中间相同。

此外，这批窖藏中还有多件印金织物，全是提花绫和纱罗组织，且都是先在织物上印就金花，而后裁剪及缝纫的。

▲图 4　紫地罗花鸟纹刺绣夹衫
元代，内蒙古集宁路古城出土

（四）甘肃漳县汪世显家族墓

出土时间：20 世纪 70 年代

地点：甘肃省漳县城南 2.5 公里的徐家坪

墓葬简介：汪世显家族为汪古部落的一支。汪世显在元代统治阶级中是一个比较重要的人物。墓区共出土了 27 座墓，其中部分为明墓。

出土丝织物所属年代：元代

丝织物种类及数量：墓中出土了罗质夹袄、妆花凤戏牡丹纹绫夹衫、妆花云雁衔苇纹纱夹袍各 1 件，烟色罗帽 2 顶，棕色刺绣山石牡丹纹束带 1 根，等等。

　　甘肃漳县汪世显家族墓出土了两顶烟色罗帽，面为深烟色四经绞罗，里为浅棕色罗。虽然它们与宋代的幞头、金代的四带巾有类似之处，但差别也十分明显，很难判断当时的名称。

　　在 4 号墓中还出土了一件非常特殊的文物，在该墓葬的简报①中名为"抹胸"。它长 30 厘米、宽 26 厘米，形似背心，表层为黄地菱格宝相花织金锦（图 5），菱格之中为四出如意头图案，主花为八瓣团窠。以团花为题材，而非动物，也是此织锦的特别之处。内衬褐色麻布，一面开襟上缀盘扣 9 个，另一面有 4 根带子，2 根竖着下垂，2 根互相交叉。赵丰认为，这件最初被定名为"抹胸"的织物很可能是姑姑冠的一部分。此织锦是目前我国出土的

---

① 甘肃省博物馆,漳县文化馆.甘肃漳县元代汪世显家族墓葬简报.文物,1982(2):1-7.

纳石失中金线保存情况最为完好的一件。①

　　汪世显家族属于较早进入中原的汪古部落的一支,从发掘的元代汪世显家族墓可以看出,无论是墓葬形制还是随葬文物都深受汉族文化的影响。汪世显家族墓出土的衣冠服饰兼有汉族和蒙古族的服饰特点,反映了这一时期胡汉融合的现象,具有浓郁的时代特点,同时也进一步显示了汪世显家族与元代统治者的密切关系。

▲图5　黄地菱格宝相花织金锦
元代,甘肃漳县汪世显家族墓出土

---

① 转引自: 林健.漳县元汪氏家族墓出土冠服新探//赵丰,尚刚.丝绸之路与元代艺术——国际学术研讨会论文集.香港: 艺纱堂/服饰出版,2005: 183-189.

（五）河北隆化鸽子洞元代窖藏

出土时间：1999 年

地点：河北省隆化县

墓葬简介：窖藏发现地点鸽子洞据地质结构和现象分析，应为人工开凿，年代不详，由四名少年发现。元末明初，隆化一带战乱频仍，窖藏主人可能为避战乱，急于逃难，而将东西临时埋藏，却因故未能取走。根据分析，这些物品非一般平民所有，其主人身份待进一步考证。

出土丝织物所属年代：1362 年前

丝织物种类及数量：出土丝织物保存完好，种类丰富，有绫、罗、缎、绢、纱、织金锦等多个品种，共 44 件。

该窖藏出土的主要丝织物包括一件褐色地鸾凤串枝牡丹莲纹锦被面。被面系两幅 80 厘米宽六色织锦拼接而成，织锦以褐色经线为地，六色纬线起花，从被头开始分为三段。第一段为白色地上浅驼色显花，陪衬绿叶。第二段为蓝色地上显明黄色鸾凤，亦有绿叶相衬。一、二两段作为被头，图案一致，均为凤穿牡丹纹，图案经向循环为 17 厘米，纬向循环为 20 厘米。第三段是被面的主体，图案全部为串枝牡丹莲纹，每一图案循环中共有两行牡丹和一行莲花，颜色分段排列，以绿和黄为基础，白、红、蓝等交替换梭。

另一件出土的丝织物是蓝地灰绿菱格卍字龙纹花绫对襟夹衫。该夹衫立领、对襟、宽袖、半臂。立领部位里外包纸边。前对襟衣边贴白色双经绞花纱边，白纱上纳绣花鸟、人物。色彩有绿、棕、白、月白、浅黄和缃色。

此外，还有白绫地彩绣鸟兽蝴蝶花卉枕顶（图6）、绿色暗花绫彩绣花卉蝴蝶护膝、茶绿色绢绣花尖脚翘头女鞋以及百衲残片等多件。[①] 这批文物大多保存完好，织工精细，质地匀密，配色巧妙，体现了元代高超的织绣工艺水平。这是一次重要的考古发现，为研究元代的纺织技术和刺绣工艺等提供了极为珍贵的实物资料。

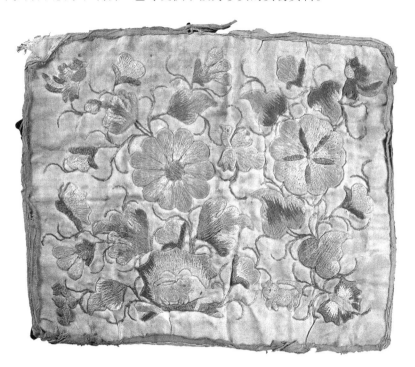

▲图6　白绫地彩绣鸟兽蝴蝶花卉枕顶
元代，河北隆化鸽子洞元代窖藏出土

① 隆化县博物馆. 河北隆化鸽子洞元代窖藏. 文物，2004（5）：4-25.

（六）山东邹城李裕庵夫妇合葬墓

出土时间：1975 年 3 月

地点：山东邹城

墓葬简介：李裕庵名俨，字裕庵。从其木棺的书写文字可以得知，李俨有"儒学博士"的称号。邹县本身也是儒学的主要人物之一孟子的家乡。

出土丝织物所属年代：1350 年左右

丝织物种类及数量：55 件保存完好的丝、棉、麻织的男女衣物，包括流云杂宝暗花绸丝绵被子、驼色织成绫福寿巾等，其他器物极少。

墓葬出土的福寿巾左右织出卷草，上下织出交错的小矩形；上部中央织一寿星，下有龟驮灵芝，左为鹤及"金玉满堂"字样，右为鹿及"福山寿海"字样，下部织出六行四十二字的《喜春来》词一首，其文为："右词寄喜春来，敬愿祝南山之寿。绞绡色，胜秋霜，莹样质光。凝皎月明，金童玉女称纤擎香，又整宜献老人星。"寿巾取意吉祥，不言而喻，但以文配图的形式又表明，到元末吉祥图案还不十分成熟，因为吉祥图案应是一种高度程式化的艺术，无须文字标明寓意。①

由于该墓结构坚实，封闭严密，椁内贮满了特殊液体，棺内又放了防腐中药材和松香，因此随葬衣物保存完好。清理这座墓葬，使我们了解到元代儒学教谕（儒学博士）这一群体的冠服制度和葬丧礼俗。该墓出土的男女长袍都是交领，男袍右衽，女袍左衽。男女短上衣全是通领对襟。各类衣物全用布带系紧，有的两条，有的三条，没有发现疙瘩式纽扣。至于衣袖，长短

---

① 赵丰.中国丝绸通史.苏州：苏州大学出版社，2005：379.

都有。最长的衣袖为 85 厘米，最短的只有 15 厘米。凡是长袖的袍都是 15—23 厘米的窄袖口，短袖的则是 30—40 厘米的宽袖口。长袍的下摆最小的为 120 厘米，最大的为 139 厘米。如梅鹊方补菱纹绸短袖男夹袍（图 7），交领右衽，短宽袖，前胸后背均织有方补，图案均为梅雀纹。该墓出土的男女绵裤都是开裆的，并另加横腰，在腰部缀带三条。据文献记载，这种开裆裤在汉代就有了，叫作"穷裤"。浙江兰溪南宋高氏墓、福建福州南宋黄昇墓、江苏金坛南宋周瑀墓都有开裆裤出土。①

▲图 7 梅鹊方补菱纹绸短袖男夹袍
元代，山东邹城李裕庵夫妇合葬墓出土

① 山东邹县文物保管所 . 邹县元代李裕庵墓清理简报 . 文物，1978（4）：14-20.

（七）江苏无锡钱裕墓

出土时间：1960 年

地点：无锡市南面两山之间的窑窝里

墓葬简介：墓主人姓钱，名裕，字宽父，死于 1320 年，是当地一个没有官职的地主绅士。

出土丝织物所属年代：1320 年前，可能部分是南宋时期

丝织物种类及数量：出土丝织物 28 件。包括袍服、上衣、背心、裙、鞋、粉扑、钱袋等。其中袍服 5 件，包括夹袍 4 件，单袍 1 件。上衣 7 件，款式均为对襟，下摆两侧开衩。裙 6 条：3 条夹，里皆素绸，独幅无折褶，其中一条猴戏加绣妆金罗花边裙，前面镶有绣大花图案纱两条，腰部合缝处有束带 1 副；3 条单，素绸，前面中间开交缝，其中 2 条腰部两侧缝折褶，腰部合缝处亦有束带残存。套裤共 2 条：1 条夹，菱形纹绮，里素绸，前后开裆，腰和管口镶同色素绸作边，腰部有束带；1 条单，式样与夹相同，不镶边。[①]

该墓最重要的实物是迄今为止出土的最早的具有确切年代（1320 年）的缠枝牡丹纹暗花缎（图 8）。暗花缎纹样为缠枝牡丹纹，花卉多瓣，花型较小，尤其是牡丹纹样不如明代牡丹之富贵大方，牡丹叶上还填有花卉，正如南宋织物纹样叶中填花、花中有叶的风格，说明在元初的江南，织造艺术在很大程度上还是继承南宋风格的。织品采用正反五枚缎组织，纹样循环为 12.5 厘米 × 4.8 厘米。经丝密度为 87 根/厘米，纬丝密度为 41 根/厘米。

---

① 无锡市博物馆.江苏无锡市元墓中出土一批文物.文物,1964（12）：52-56.

▲图 8 缠枝牡丹纹暗花缎（局部）
元代，江苏无锡钱裕墓出土

（八）江苏苏州吴张士诚母曹氏墓

出土时间：1964 年

地点：苏州市南郊门外盘溪小学

墓葬简介：根据出土的两部哀册上的载述，该墓系元末一度割据姑苏的吴王张士诚的父母的合葬墓。然男棺几无随葬物，且衣物全部腐烂，标本无法采集。所幸女棺封闭严密，棺内积水不多，发掘时随葬衣物等整整齐齐地放置在死者头前或腰部两侧。

出土丝织物所属年代：元末

丝织物种类及数量：出土丝织物 32 件。

其中一件翟鸟纹蔽膝（图 9），以四经绞的素罗为地，呈梯形，上窄下宽，上端有三个绢襻，可用于穿带。蔽膝主体上绘有左右对称的三组六双十二只翟鸟。其形制与宋代及明代《明宫冠服仪仗图》中关于太子妃蔽膝的记载一致。蔽膝一般用于前身，服装上绘有翟鸟则表示其为皇后或特别高贵的女性的着装，这也与曹氏的身份一致。[①]

出土袍两件，均为夹袍，绫织料。一件圆领，双复斜襟，可以左右偏衽，比较特别。素地，花正反三枚斜纹，填卍字纹。以四格成一组，各组又以双鱼、莲花、海螺、火轮等八宝纹饰为中心。另一件直领，通对襟，襟胸处有绸带两条，以代替纽扣系束衣服。素地，菱纹图案，菱纹内亦有卍字纹。

袄共四件，质地有绸、缎、绫等。衣身肥大而较短，长袖，保存完好。

---

① 赵丰，金琳. 黄金·丝绸·青花瓷——马可·波罗时代的时尚艺术. 香港：艺纱堂 / 服饰出版，2005：88.

一件厚丝绵绫料，黄色素绸作里，直领，对开襟，用绞纱绲边，胸前和腰腋下各有束系带。织梅竹菊花纹，枝栖鹊鸟，取意吉祥。一件薄丝绵绸袄，起绒花，以古钱纹和银锭纹为地，四瓣花嵌卍字纹。两件为薄丝绵缎袄，均为小圆领，对开襟，以连续曲尺云朵纹为饰，间有如意、珊瑚、玉钏、银锭等八宝图案纹。裙共六条，其中两条残破。质地亦有缎、绫、绸之分，全用三幅料制作，平纹素绸里子。[①]

▲图9 翟鸟纹蔽膝
元代，江苏苏州吴张士诚母曹氏墓出土

---

① 苏州市文物保管委员会，苏州博物馆.苏州吴张士诚母曹氏墓清理简报.考古，1965（6）：289-300.

元代丝织品的主要种类

中

国

历

代

丝

绸

艺

术

　　从 1206 年大蒙古国创立到 1368 年朱元璋称帝，元代跨度不过 160 余年，工艺美术却一改宋风，尤其用金风气之盛可谓旷古未有。元代人将他们对黄金的偏爱也体现在了丝绸上，装饰手段的重心从多彩转向了对金色的体现。金光闪烁的织金锦真正实现了"与金同价"，风靡程度空前，当属首屈一指的元代丝织品种。除了织金锦被蒙古贵族极力推崇外，其他诸如彩色提花的彩锦、缂丝、刺绣等也表现得尽善尽美，运用西域织造技术的特结锦在元代更是取得了令人惊异的成就，明清时期广泛流行的暗花缎织物就是在元代出现并进一步发展的。

（一）织金锦

"大汗于其庆寿之日，衣其最美之金锦衣。同日至少有男爵骑尉一万二千人，衣同色之衣，与大汗同。所同者盖为颜色，非言其所衣之金锦与大汗衣价相等也。各人并系一金带，此种衣服皆出汗赐，上缀珍珠宝石甚多，价值金别桑（besant）确有万数。"[1]马可·波罗的游记中提到的"金锦衣"，当为以织金锦裁剪而成的锦衣华服。蒙古君王对织金锦的钟爱可谓源远流长，据波斯史籍《世界征服者史》和《史集》记载，在13世纪初蒙古大军首次西征时，中亚兴盛的织金锦就令蒙古统治集团异常痴迷，王公将相皆以大块织金锦缝缀装饰礼服外衣，甚至死后也以其遮覆棺木，装饰马车。成吉思汗曾坐在阿勒泰山上发誓，要把妻妾媳女"从头到脚用织金衣服打扮起来"[2]。

不过，织金锦是现代的称谓，在元代，与它最接近的词语是金段匹。一般认为，元人所谓的金段匹可以分成两大类，一类是纳石失，另一类是金段子。其中，纳石失品质更高、名声更大[3]，它集蒙古族的好尚、伊斯兰艺术的精华、汉族丝织传统于一身。《元史》中屡见"纳石失"一词，卷78"舆服志一"在"纳石失"下注"金锦也"[4]。虞集《道园学古录》卷24"曹南王世勋碑"记载："纳赤思者，缕皮傅金为织文者也。"[5]《草木子·杂

---

① 马可波罗行纪.沙海昂，注.冯承钧，译.北京：中华书局，1954：353.
② 拉施特.史集（第一卷第二分册）.余大钧，周建奇，译.北京：商务印书馆，1983：264.
③ 赵丰，屈志仁.中国丝绸艺术.北京：外文出版社，2012：347.
④ 宋濂，等.元史.北京：中华书局，1976：1931.
⑤ 虞集.道园学古录.上海：商务印书馆，1937：400.

制篇》写道："衣服贵者用浑金线为纳失失。"[1] 马可·波罗的游记中亦有记录："报达城纺织丝绸金锦，种类甚多，是为纳石失（Nasich）。"[2] 可见，纳石失为织金锦当属实，且在元代相当流行。

"纳石失"是对波斯语词的音译，而其语源出于阿拉伯语。音译成中文更有"纳失失""纳什失""纳赤思""纳阇赤""纳奇锡""纳瑟瑟"等异译、异写。和一般织金锦一样，纳石失的纹样以片金线或捻金线织出，富丽堂皇。所谓的"缕皮傅金"应该是一种片金的制作方法，即将羊毛剪下，制作成极薄的皮层，再在上面贴上金箔，最后切成条状的片金。这种金又称羊皮金，可能较多为中亚织工所用。纳石失的用途大体等同于一般丝绸，它大量用于袍服，包括当时流行的腰线袍、贵妇大袖袍等，同时也用于裁制高档帽冠、帷幔，或作为袍服的领、袖缘等。如台北故宫博物院收藏的《元世祖皇后像》（图10），其所服大袖袍的衣领应为织金锦裁制。在这类制品上，金线织出的图案几乎布满锦面，以此显耀人们的富足。尤其是举行质孙宴时，纳石失的耗费更是惊人。"质孙"是蒙古语音译，义为"颜色"；质孙宴是元代宫廷朝会、庆典、亲王来朝或岁时行幸等时举行的大宴。所用纳石失名目甚多，有缀大珠的、缀小珠的、大红的、素色的等。[3] 中国境内最早发现的纳石失实物出土于内蒙古达茂旗大苏吉乡明水墓，此外，几乎所有元代的北方墓葬均出土了纳石失，如新疆

---

[1] 叶子奇.草木子.北京：中华书局，1959：61.
[2] 马可波罗行纪.沙海昂，注.冯承钧，译.北京：中华书局，1954：64.
[3] 宋濂，等.元史.北京：中华书局，1976：1938.

▲ 图 10 《元世祖皇后像》
元代

盐湖古墓、甘肃漳县汪世显家族墓。而中国的北京故宫博物院和香港万玉堂，以及美国克利夫兰艺术博物馆等海内外收藏机构均有不少纳石失藏品。

元代纳石失主要产于国内的官府作坊，在《元史·百官志》记录的大约有 5 处：归属工部的有 3 处，其中设在大都汗八里城（今北京）的别失八里局就以生产衣缘纳石失为主；归属储政院的有 2 处，即弘州（今河北张家口西南之阳原）纳失失局和荨麻林（今河北张家口西之洗马林）纳失失局。别失八里局的回回织工，推测是从伊朗到中亚再迁到别失八里（今新疆吉木萨尔北之破城子），最后被安置在大都的。从《元史》卷 120"镇海传"可知织造纳石失的工匠可能多为西域织工："先是，收天下童男童女及工匠，置局弘州。既而得西域织金绮纹工三百余户，及汴京织毛褐工三百户，皆分隶弘州，命镇海世掌焉。"[1] 波斯历史学家拉希德·阿尔丁（1247—1318）说，荨麻林的工匠大多来自今乌兹别克斯坦的撒马尔罕。[2]《马可波罗行纪》第 94 章"汗八里城之贸易发达户口繁盛"中写道："百物输入之众，有如川流之不息。仅丝一项，每日入城者计有千车。用此丝制作不少金锦绸绢，及其他数种物品。"[3] 可见元大都汗八里城用丝数量之巨，而这些丝绸多用于织造织金锦。元代大量生产织金锦，一方面继

---

[1] 宋濂，等 . 元史 . 北京：中华书局，1976：2963.
[2] Pelliot, P. Une ville musulmane dans la Chine du nord sous les Mongols. *Journal asiatique*, 1927（211）：261-279.
[3] 马可波罗行纪 . 沙海昂，注 . 冯承钧，译 . 北京：中华书局，1954：379-380.

承了中原汉文化的用金技艺（唐宋时以金缕金泥作为丝绸装饰的做法已蔚然成风，陕西扶风法门寺有大量实物出土），另一方面又吸收了西域织金绮纹工的织金技艺，从而使织金工艺更得到了发展。[1]

　　纳石失属于织金锦，而且是一个独特的品种，在史料上一直有独立的称谓。金段子虽也属织金锦，但与纳石失不同，元人已经把它们分开：当时，每逢年节，衙门要向皇帝进献贺礼，在中书省的新春贡礼中，就有"纳阇赤九匹、金段子四十五匹"[2]的记载。即使到了明初，人们仍没有把两者混为一谈，在叙述段匹名目时，会列出纳石失和金段子。[3] 由此可知，纳石失与金段子不同。

　　赵丰认为，从技术角度而言，纳石失与金段子最大的区别在于，纳石失采用双插合的特结锦，即利用一组专门的固结经来固定插入的金线，金线可以是捻金，也可以是片金。这种组织结构在西方被称作 Lampas，起源于伊朗。[4] 而金段子是一种单插合的地络类织物，即在一个基本组织地上插入片金织出图案，这是具有中国特点的加金织物。但他同时也指出，纳石失有采用暗夹型重组织的实例。[5] 实物表明，特结型是纳石失的典型结构，但不是专有结构。金段子除以地络类为基础的单插合结构外，在实物

① 黄能馥，陈娟娟.中国丝绸科技艺术七千年——历代织绣珍品研究.北京：中国纺织出版社，2002：196.
② 陈元靓.事林广记（六）.北京：中华书局，1963：11.
③ 尚刚.元代工艺美术史.沈阳：辽宁教育出版社，1999：89.
④ Von Folsach, K. & Bersted, A.-M. K. *Woven Treasures—Textiles from World of Islam*. Copenhagen: The David Collection, 1993: 75.
⑤ 赵丰.蒙元龙袍的类型及地位.文物，2006（8）：85-96.

分析中也有发现特殊类型。[①] 在平纹或斜纹地上织入金线的做法在唐代丝织品上已有发现[②]，辽代驸马赠卫国王夫妇墓出土了斜纹地挖织捻金线妆金织物[③]，这类织物自唐出现以来，盛行于辽，在金元时期得以继承和发扬光大，故这是具有中国特色的加金织物。《原本老乞大》中有提到"素段子一百匹、草金段子一百匹"[④]，以及"鸦青金胸背段子……这金胸背是草金，江南来的"[⑤]。从"江南来的"这四字推断，"草金段子"很可能是当时民间比较流行的具中国特色的地络类金段子。为了加以区分，我们把当时通梭的金段子根据其地组织的不同而分别称为"织金绢""织金绫""织金纱"或"织金罗"等；把挖梭的金段子根据其地组织的不同而分别称为"妆金绢""妆金绫""妆金纱"或"妆金罗"等。大蒙古国时期的地络类织物在内蒙古达茂旗大苏吉乡明水等处的墓地有大量的发现，如紫地卧鹿纹织金绢（图 11）和摩羯纹织金绢棺壁贴（图 12）。妆金织物也有出土，而且不仅在中国境内，在当时的高丽也发现了很可能来自中国的佛腹藏织金段子。

---

① 茅惠伟.蒙元织金锦之纳石失与金段子的比较研究.丝绸，2014（8）：45-50.
② 赵丰.中国丝绸通史.苏州：苏州大学出版社，2005：294.
③ 赵丰.辽代丝绸.香港：沐文堂美术出版社有限公司，2004：79.
④ 郑光.原本老乞大.北京：外语教学与研究出版社，2002：151.
⑤ 郑光.原本老乞大.北京：外语教学与研究出版社，2002：175.

▲ 图 11　紫地卧鹿纹织金绢纹样复原
元代，原件内蒙古达茂旗大苏吉乡明水墓出土

▶ 图 12　摩羯纹织金绢棺壁贴（局部）
元代，内蒙古达茂旗大苏吉乡明水墓出土

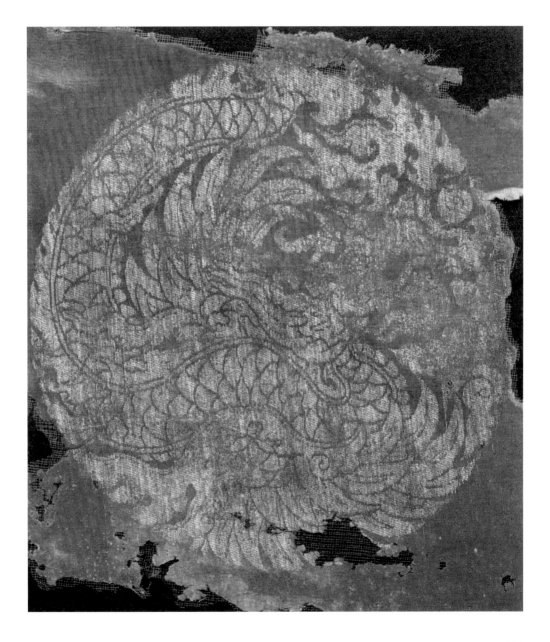

（二）暗花缎

元代丝织的一大贡献就是暗花缎的成熟与推广。暗花缎以其特有的光滑、亮泽等特点，备受统治阶级的喜爱。目前所知最早的暗花缎出土于江苏无锡钱裕墓。在年代稍晚的山东邹城李裕庵夫妇合葬墓、江苏苏州吴张士诚母曹氏墓、重庆明玉珍墓等均有出土。

暗花缎，作为明清时期中国最具代表性的一种高档丝绸，经过了相当长的发展历程。"缎"作为专名，被约定用于指称缎组织的丝织品——目前所说的"缎织物"，是近现代的事。在我国古代，织物名称的使用是比较混乱的，"缎"是一个典型的例子。与缎织物有关的名称，有绫、锦、缎（段）、五丝、织丝、纻丝（苎丝、注丝）等。其中"纻丝"之名较早见于南宋吴自牧《梦粱录》中[1]，正史所载则始见于《金史·舆服志》。在《元史·舆服志》中更是频频可见："社稷祭服"中的"蓝素纻丝带一百二十三"，"服色等第"中的"惟许服暗花纻丝绸绫罗毛毳"，"舆辂·金辂"中的"黄素纻丝沥水"，等等。[2] 此外，元代一些地方志中也有提到纻丝，如"段匹岁额5901匹，其中织染局独造纻丝1904匹，纻丝又分暗花1167匹和素737匹"[3]。从明定陵出土丝织品腰封上记载的"纻丝"来看，组织分析后确为缎织物。但"缎"与"纻丝"仍有差异，纻丝较多指色织的缎织物，

---

① 吴自牧.梦粱录.杭州：浙江人民出版社，1980：162-163.
② 宋濂，等.元史.北京：中华书局，1976：1936-1946.
③ 俞希鲁.至顺镇江志.台北：华文书局，1968：397-398.

即先染丝、后织造。暗花缎的织物表面以正反缎纹互为花地组织，单位相同而光面相异，故能显示花纹，今天称之为"正反缎"。这种正反缎组织巧妙地利用了丝纤维的光泽以及经、纬缎纹对光线反射的不同，虽然因使用单一颜色与材料的经纬线而被称为"暗花"缎，其花纹的表现却相当清晰。所以，暗花缎的出现标志着缎类织物的普及及其织造技术的高度成熟。

元人认为，衣纻丝奢侈[①]，这必定是由于织造纻丝靡费颇多。这首先体现在用料上，按制度，织造一匹纻丝可领丝 40 两，这是同等长度的纱用料的 4 倍，罗用料的 2.5 倍。[②] 其次，元人将纻丝与缂丝相提并论，缂丝有"一寸缂丝一寸金"的说法，可见纻丝同样精细考究。尚刚提出，元代工艺美术的"等级性"和"地域性"表现得非常充分，元代的丝织品南北不同风，"南秀北雄"。[③] 纳石失和暗花缎两类织物可谓其中典范。纳石失为北方贵族的独享品，它的纹样也极具西域及草原风情；而暗花缎的纹样大抵延续汉式宋风，但元时"纻丝繁华细密"，和宋时丝绸纹样的疏朗隽秀不同，这与当时伊斯兰艺术自有联系。出土的缎织物中，花卉纹样、云纹、杂宝纹（八宝纹）及卍字纹等出现频率较高，这些均属于吉祥图案的范畴。虽然吉祥图案在明清才达到鼎盛时期，不过元代作为吉祥图案的创始期，其历史地位不容轻视。

---

① 孔齐.至正直记.上海：上海古籍出版社，1987：88.

② 赵丰.中国丝绸通史.苏州：苏州大学出版社，2005：359

③ 尚刚.元代工艺美术史.沈阳：辽宁教育出版社，1999：305-308.

（三）缂　丝

缂丝（又作"刻丝""克丝"等）是古代丝织品中的奇葩，其最大的技术特点就是通经断纬。在中国，一般认为缂丝始于唐代，宋代达到鼎盛，明清时期进一步发展与演变。至于元代缂丝，古今学者大多一笔带过，普遍的观点就是"宋刻花鸟山水，亦如宋绣，有极工巧者。余意刻丝虽远不及绣。若大幅舞袿，自有富贵气象。元刻迥不如宋矣"[1]。事实上，元代的缂丝，多是上承南宋、下启明清的珍宝。缂丝，根据用途一般可分为实用性缂丝和观赏性缂丝两类。元代缂丝中，服用品的资料相对于观赏性及其他实用性缂丝来说更为丰富，在宋辽金时代，北方缂丝就多系服用品，辽缂丝总是以织成的形式出现，直接织成靴子、帽子等。虽然宋代缂丝曾显示出向观赏品发展的趋势，但蒙古族的入主却令这种趋向一度遭到遏制，至少在元代中叶以前，服用品再度成为缂丝的主流。文献记载也表明了这一情况，如元初，袁州路宜春县的军户会接受"克丝一匹"的聘礼[2]，缂丝以匹计，自然是用于裁制衣物的，而民间的缂丝居然成匹，可见当时织造的繁盛。元代的缂丝服用品想必很多，因为连明代人也在说，那时的缂丝会"裁为衣衾"。

新疆盐湖古墓出土的缂丝牛皮靴，出土时仍穿于墓主人腿脚上。尖头、圆底，靴筒高至膝。以牛皮为里，缂丝作面。缂丝并非完整的一块，而是用多件不同小块拼缝制成的。有紫地粉花、

---

① 高濂.遵生八笺.王大淳,点校.杭州：浙江古籍出版社,2017：585.
② 转引自：尚刚.元代工艺美术史.沈阳：辽宁教育出版社,1999：102.

绿花、绿地粉花等，还有杨柳枝叶、海棠花及梅花。色彩鲜明，花纹自然生动。内蒙古达茂旗大苏吉乡明水墓出土的缂丝紫汤荷花纹靴套（图 13），顶端有带，用于系在裤带上，缂丝作面料，织金锦缘边。用作面料的缂丝是在紫色地上缂织荷花、桃花等花卉，与史料中记载的"紫汤荷花"相吻合。风格与此类似的织品在西方一些博物馆的藏品中也有发现，均可被视作十三四世纪时的作品。

▲ 图 13　缂丝紫汤荷花纹靴套
元代，内蒙古达茂旗大苏吉乡明水墓出土

除这些缂丝小件外，元代还有一类特别精美的缂丝织物——"织御容"，是官府作坊运用缂丝技术专为皇家织造的先帝先后的肖像，用于供奉祭祀。[1] 它们是元代特有的精美缂丝织物。《元史·百官志》中提到有所谓织佛像的专门机构："织佛像提举司，秩从五品。"[2] 美国大都会艺术博物馆收藏的一幅缂丝曼陀罗唐卡（图 14），应为当时的织佛像，且在曼陀罗下方织有文宗、明宗两位皇帝及其皇后的像。

虽然元代流传下来的缂丝数量不多，亦没有出现名家名作，但在相对多元的历史环境下，元代把宋代的实用性缂丝和观赏性缂丝都继承了下来，并在此基础上将观赏性缂丝的题材如肖像、神话故事、宗教人物等发扬光大，为明清时期民俗、福寿等吉祥题材的大量出现做好铺垫，而且一改宋代以观赏性缂丝为主的潮流，回归到服用品。可以借鉴尚刚的一句话作为总结："蒙古与契丹、回鹘同是北方民族，习俗、好尚颇多相似，故元代缂丝用途的一度转移由来有自。"[3]

---

[1] 宋濂，等.元史.北京：中华书局，1976：1875.
[2] 宋濂，等.元史.北京：中华书局，1976：2230.
[3] 尚刚.元代工艺美术史.沈阳：辽宁教育出版社，1999：103.

▲图 14　缂丝曼陀罗唐卡
元代

（四）刺 绣

作为女红的主要形式，民间刺绣历来兴盛，实用性刺绣在元代大有发展。正史记载的刺绣官府作坊仅有两处，均设在大都。一为工部大都人匠总管府的绣局，"掌绣造诸王百官段匹"[1]；另一为将作院异样纹绣提举司[2]，因将作院基本为宫廷服务，故异样纹绣提举司所绣当系御用绣品。都城之外，也有若干专事刺绣的官府作坊，如福州、杭州的纹绣局。其中福州的刺绣名气很大，元中期，为官府驱役的绣工多达 5000 人，其中有不少男性。

元代刺绣的使用极广，宫廷处处用绣自不必说。达官贵族除服饰之外，车舆、帐幕常常以刺绣点缀。流传下来的也见刺绣唐卡，如图 15 的刺绣为棕红色缎地，中央绣气势威猛的西方广目天王像，天王头戴凤翅盔，身披铠甲，手执弓箭，背景满布云纹。宋代摹绣书法名画的传统很少为元人继承，元人虽也绣字，但所绣多是经文和诏书。现藏于首都博物馆的传世品黄缎绣《妙法莲华经》第五卷书（图 16、图 17），五枚缎地上绣蓝丝绒楷书，经卷首尾各有一幅刺绣佛教图案。卷首绣释迦牟尼说法图，卷尾绣韦驮像。佛像的面部和手以印金作底，发式采用打籽绣；佛衣用丝线平绣作底，捻金线勾勒水田衣纹。经文均用刺绣。经文中有 154 个"佛"字，除 1 个为平金绣佛像外，其余均为金线绣字。经卷落款中记载了刺绣地点、时间

---

[1] 宋濂，等.元史.北京：中华书局，1976：2147.
[2] 宋濂，等.元史.北京：中华书局，1976：2228.

▲图 15　刺绣唐卡《西方广目天王像》
元代

及刺绣人。①《南村辍耕录》还记录了刺绣诏书之事："惟诏西番者，以粉书诏文于青缯，而绣以白绒，网以真珠，至御宝处……"②

　　从出土或传世实物来看，元代刺绣多为平绣，穿插以贴绣、线绣、编绣、打籽绣、钉金绣和铺绣等。

　　内蒙古集宁路古城出土的紫地罗花鸟纹刺绣夹衫（见图 4）是目前所知元代刺绣服

① 《北京文物精粹大系》编委会，北京市文物局.北京文物精粹大系——织绣卷.北京：北京出版社，2001：60-63.
② 陶宗仪.南村辍耕录.济南：齐鲁书社，2007：26.

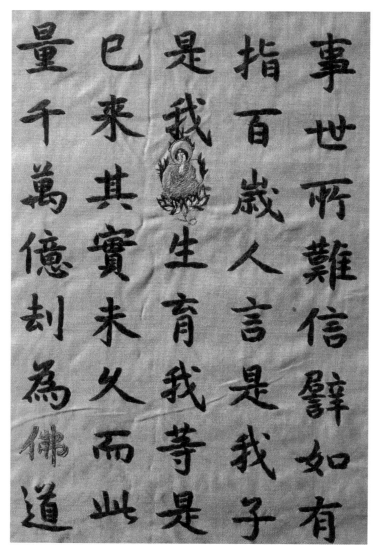

▲ 图 16　黄缎绣《妙法莲华经》第五卷书（局部）
元代

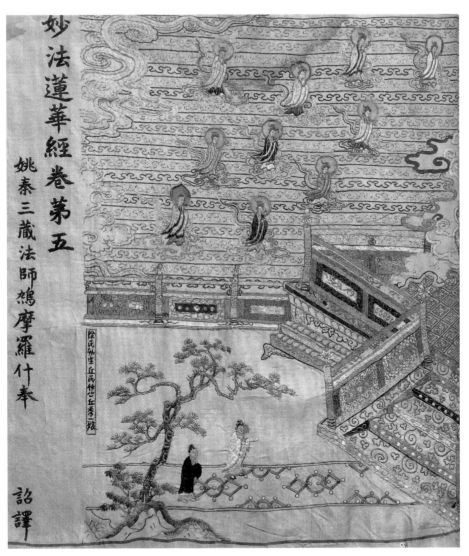

▲ 图 17　黄缎绣《妙法莲华经》第五卷书（局部）
元代

饰中最为重要的佳作，属汉族服饰款式，对襟直领，直筒宽袖，面料是紫色四经绞素罗。夹衫表面采用平绣针法，以平针为主，并结合打籽针、辫针、鱼鳞针等针法。夹衫上刺绣的花纹图案极为丰富，多达99个，其最大花型在两肩及前胸部分，最大一组为37厘米×30厘米。衣服上还有表现人物故事的图案，非常引人注目：一女子坐池旁树下凝视水中鸳鸯；一女子骑驴扬鞭在山间枫树林中行走；戴幞头男子倚坐枫树下，悠然自得；戴帽撑伞人物荡舟于湖上（图18）；还有似为王羲之戏鹅等情节。这些图案设计虽然有春水秋山的意思，但又特别富有江南风味。

1985年，湖南省沅陵县城郊双桥村发现的元代黄澄存夫妇合葬墓出土了不少精美的刺绣。值得一提的是，开棺时女墓主身盖的绣花被衾，其长为208厘米、宽为156厘米，镶深烟色边。整床绣团花，共11行，每行6—7团，共计71团，虽都是团花，但形制各异，针法也不尽相同。葡萄、荷叶、兰草、石榴、梅竹等纹样，以齐针、接针、滚针、打籽等多种针法绣制，配色也十分讲究。有些叶片绣以鲜亮的深宝蓝色，其上以接线绣浅黄褐色叶筋或接针法处理，也有的采用留水路来表现筋脉，有些团花之下甚至还隐约可见墨稿。[1]

1955年北京双塔庆寿寺出土的贴罗绣僧帽（图19），棉织品，紫色地，尖顶，正方口，顶作四阿式。帽边贴绣深褐色罗如意头，帽身四面贴绣深褐色如意形花纹图案。[2]

① 王亚蓉.中国刺绣.沈阳：万卷出版公司，2018：83.
② 北京市文化局文物调查研究组.北京市双塔庆寿寺出土的丝棉织品及绣花.文物，1958（9）：29.

▲ 图 18　紫地罗花鸟纹刺绣夹衫刺绣纹样之一
元代，内蒙古集宁路古城出土

▲ 图 19 贴罗绣僧帽
元代，北京双塔庆寿寺出土

在山东邹城李裕庵夫妇合葬墓中发现的刺绣较多地采用线绣，即用加捻之后的股线作绣线，这样的绣纹苍劲雄健，质地坚实。该墓出土的属于李裕庵夫人的两条裙带，绣品狭长，一条绣山水、人物、凤鸟（图 20），另一条绣梅花、山石。花卉取缠枝的形式，枝连蔓绕，绵延不断，人物、凤鸟则置于景物之间，互不勾连。图案颇具写实风格，唯求神完，不重形肖，虽略觉粗犷，但在高仅1 厘米左右的人物上，眉目仍用丝线绣出，已是十分用心。同类绣品在甘肃漳县汪世显家族墓也有出土，一条棕色刺绣束带的中间和两端绣绿色和驼色的山石、花朵。这些绣品针线细密，整齐匀称，对研究元代刺绣工艺具有重要的参考价值。[1]

环编绣是元代开始出现的一种刺绣。它是用股线作绣线，用一根线通过穿绕将显示图案的区域编满，故称为"环编"。环编绣在元代主要用于装饰性绣

---

[1] 林健.漳县元汪氏家族墓出土冠服新探 // 赵丰，尚刚.丝绸之路与元代艺术——国际学术研讨会论文集.香港：艺纱堂／服饰出版，2005：183-189.

▲▲▲ 图 20　鲁绣山水人物凤鸟纹裙带及局部图
元代，山东邹城李裕庵夫妇合葬墓出土

品的边缘（图 21），如衣、裙、枕顶、腰带、鞋等服饰品上。到了明代，环编绣逐渐成为一个重要的门类。[1]同时，为体现织物的光彩，元代刺绣还广泛应用以金线勾边的压金彩绣，或以金线钉成金光闪耀图案的蹙金绣。

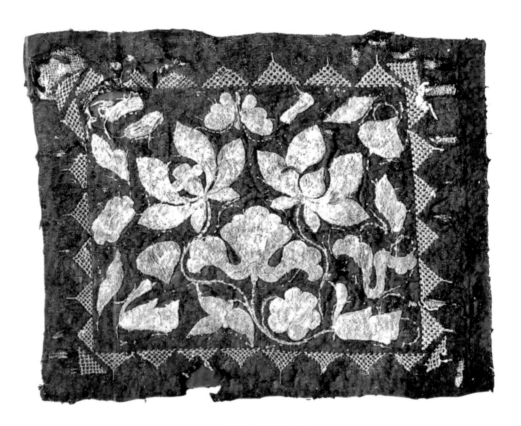

▲图 21　满池娇纹绣片
元代，内蒙古黑水城出土

---

① 赵丰，屈志仁.中国丝绸艺术.北京：外文出版社，2012：364.

三　元代丝织品的图案艺术

中 国 历 代 丝 绸 艺 术

借助蒙古人在欧亚大陆上建立的四大汗国和星罗棋布的驿站，连接东西方的草原之路和绿洲之路畅通无阻，奔走于丝路古道的西方使者、商人、传教士和旅行者络绎不绝。一个广泛的贸易网络从中国向地中海开放，允许货物比前几个世纪更自由地移动。尤其是丝绸，从亚洲的一地转运到另一地，其上的纹样也是如此。[①]

丝织品凝聚着装饰艺术的精华，显示了宋代文明的灿烂光辉，甚至当蒙古人入主中原后，人们也依然可以从丝织品上窥得宋代遗风。蒙古族虽居统治地位，但蒙古帝后亲贵若要以工艺美术体现喜恶好尚，还需要依赖其他民族匠师的造作，遴选他们的造型和装饰。[②]游牧民族统治者进入中原后，很快为汉族传统的礼仪文化所感染，因为汉族的传统纹样题材内容往往具有政治伦理的

---

① 　Watt, J. C. Y. & Wardwell, A. E. *When Silk Was Gold*. New York: The Metropolitan Museum of Art, 1997: 127.

② 　尚刚. 大汗时代——元朝工艺美术的特质与风貌. 新美术，2013（4）：64-71.

内涵，这些内涵恰恰能为巩固封建政权服务，所以为外来的统治者所乐于吸收。《元典章》所载丝织名目，如织金胸背麒麟、织金白泽、织金虎等花式品种，在纹样内涵上都直接继承唐宋以来以儒学思想为主体的封建传统，只是在形式上大量用金，更加富丽堂皇。[①] 在这个过程中，一些旧元素做了新组合。

　　本章以出土文物结合传世品为对象，采用文献、实物相互印证的方法，将该时期的丝绸纹样按照风格划分为春水秋山、西域风情、日月龙凤、吉祥图案四类，并分析元代丝织品的纹样布局，重点介绍散搭子、锦地新窠以及它们的排列组合方式。最后，解析元代统治阶级"以白为吉"和"尚蓝"的习俗，分析丝绸上的色彩寓意，由此带领大家领略从北至南、南北异风的元代丝绸艺术。

---

① 黄能馥，陈娟娟.中国丝绸科技艺术七千年——历代织绣珍品研究.北京：中国纺织出版社，2002：196.

（一）元代丝织品的纹样题材

1. 春水秋山

据《辽史》记载，契丹人早期在草原上逐水草而居，以畜牧游猎为生。保持自己的种族特征是契丹的基本政策，因此契丹人一直维持着传统游牧民族的生活。北宋灭亡后，淮河以北地区都处在女真族建立的金的统治下。女真族与契丹族一样是游牧狩猎的草原民族，他们的社会组织和生活、习俗都带有明显的北方草原文化特征，与北宋原来统治区域内的黄河流域的旱地农耕文化及长江流域的水田农耕文化存在着极大的差别。金被元灭后，草原文化并没有因此而断裂，相反却因蒙古族的统治而继续流行。上述辽金元时期的游牧文化，表现在丝织图案上就是"春水秋山"纹样的流行。

（1）"春水秋山"的含义

"春水秋山"即"春水秋山，冬夏捺钵"，是从"捺钵"的本意引申而来的帝王的四季渔猎活动。在辽金元文献中，都出现过"捺钵"一词。"捺钵"是契丹语的音译，本义为行宫、行营、行帐。宋代庞元英《文昌杂录》卷6云："北人谓住坐处曰捺钵，四时皆然。如春捺钵之类是也。不晓其义。近者，彼国中书舍人王师儒来修祭奠，余充接伴使，因以问师儒，答云：'是契丹家语，犹言行在也。'"①《契丹国志》记：契丹皇帝"每岁正月上旬，

---

① 庞元英.文昌杂录.上海：商务印书馆，1936：61.

出行射猎……即纵鹰鹘以捕鹅雁……七月上旬，复入山射鹿"[1]。
此类捺钵制度至元不衰，《元史·兵志四》记载："冬春之交，天
子或亲幸近郊，纵鹰隼搏击，以为游豫之度，谓之飞放。"[2] 此
即春水之猎。1276 年被掳北上的南宋宫廷琴师汪元量《斡鲁垛观
猎》诗曰："黑风满天红日出，千里万里栖寒烟。快鹰已落蓟水畔，
猎马更在燕山前。白旄黄钺左右绕，毡房殿帐东西旋。海青眇然
从此去，天鹅正坠阴崖巅。"[3] 诗中"黑风满天"及"栖寒烟"，
当是幽燕早春朔风劲吹、气候尚寒的写照。最后一句"海青眇然
从此去，天鹅正坠阴崖巅"，正是春猎的有力佐证。在内蒙古巴
林右旗辽庆东陵中室壁画上，有春季捺钵的场景（图 22）：山麓
之下杏花开放，山谷间溪水潺潺，岸边柳树丛生，一群天鹅在溪
水中嬉戏游弋，整个画面春意盎然。[4] 海东青捕鹅是契丹春捺钵
中常见的情景，在墓室壁画中描绘较多。内蒙古敖汉旗七家辽墓
2 号墓壁画、喇嘛沟辽墓壁画、白音罕山辽代韩氏家族墓 3 号墓
壁画、解放营子辽墓壁画等都有相关情景描绘。

秋山围猎亦很隆重，《永乐大典》卷 7702 引《至治集》之《上
京杂诗》："鹰房晓奏驾鹅过，清晓銮舆出禁廷。三百海青千骑马，
用时随扈向凉径。"[5] 台北故宫博物院收藏的《元世祖出猎图》
（图 23）绢本设色画生动地再现了大汗与侍从秋猎的宏大场景。
图中的"貂鼠红袍"、"金盘陀"（黄金马鞍垫）、"仰天一箭"和"骆

[1] 叶隆礼.契丹国志.贾敬颜，林荣贵，点校.上海：上海古籍出版社，1985：226.
[2] 宋濂，等.元史.北京：中华书局，1976：2599.
[3] 汪元量.增订湖山类稿.北京：中华书局，1984：73-74.
[4] 徐光冀.中国出土壁画全集（内蒙古卷）.北京：科学出版社，2012：97
[5] 解晋.永乐大典（第四册）.北京：中华书局，1986：3579.

▲ 图 22 壁画中的春季捺钵场景（局部）
辽代，内蒙古巴林右旗辽庆东陵中室壁画

◀图 23　《元世祖出猎图》
绢本设色画
元代

驼"等画面，均与元代陈孚诗中的"貂鼠红袍金盘陀，仰天一箭双天鹅。雕弓放下笑归去，急鼓数声鸣骆驼"[1] 相符。与春水壁画不同，秋景壁画则是霜叶泛红，成群的野鹿在山林间奔驰，牡鹿悲鸣，大雁南飞的场景。[2]

1983 年，杨伯达发表了《女真族"春水"、"秋山"玉考》一文，考证玉器上的海东青鹘捕鹅雁、虎鹿山林的图文素材表现了辽契丹族和金女真族"春捺钵"和"秋捺钵"的场面，并将这类描述辽金时期少数民族春蒐秋狝活动场景的玉饰正式称为"春水玉"和"秋山玉"[3]，这种称谓一直沿用至今。元代帝王虽然不像辽金时期那样严格遵循"四时捺钵"的习俗以及举行制度化的春水与秋山活动，但是在游牧时代（1206—1259 年），狩猎活动在蒙古族的社会生活中也占有重要地位。蒙古族与契丹族、女真族同起塞北，生活方式和习俗行动相近，也喜爱以海东青畋猎，而对春、秋两季的捕猎活动，当时人们仍以"春水"和"秋山"称之。鉴于此，本书将辽金元时期丝织纹样上与春水活动相关的纹饰称为"春水纹"，与秋山活动相关的称为"秋山纹"。

（2）春水纹

春水活动的场所一般临近河流、池塘等，主要活动与海东青、天鹅、大雁、野鸭、鸳鸯、鹤、鱼等有关。[4] 丝织品上的春水纹样亦是通过鹘捕雁、鹘捕鹅、鹅雁戏水等来表现的。

---

① 纪昀，等. 影印文渊阁四库全书（第 1202 册）. 北京：北京出版社，2012：658.
② 袁宣萍. 春水秋山. 浙江工艺美术，2003（4）：54-56.
③ 杨伯达. 女真族"春水"、"秋山"玉考. 故宫博物院院刊，1983（2）：9-16，69.
④ 孙立梅. "春水"纹饰与辽金生态观念. 遗产与保护研究，2018（10）：85-89.

1）鹘捕鹅

在春水猎鹅的活动中，最引人注目的是鹘。鹘中有一类被称作"万鹰之神"，即海东青。海东青全称"海东青鹘"，是辽金元时期最受尊崇的一种猎鹰。据动物学家考证，海东青属鹰科，学名"矛隼"，也有称"白隼"的。它产于辽之东北境外五国部及东海上，故称"海东青"，亦称"海青"。《契丹国志》载："女真东北与五国邻，五国之东邻大海，出名鹰。自海东来，谓之海东青，小而俊健，能捕鹅、鹜，爪白者尤以为异。"①《析津志辑佚·物产·翎之品》也载："海东青，辽东海外隔数海而至，尝以八月十五渡海而来者甚众。古人云：疾如鹘子过新罗是也。努而干田地，是其渡海之第一程也。至则人收之，已不能飞动也。盖其来饥渴困乏，羽翮不胜其任也。自此然后始及东国。"②据此史书所称，海东青在海上迁徙，要飞七八日才可能抵达努而干，许多海东青饥渴眼花、气力不支，中途溺死在海里，能抵达的都是凶悍强健的。这些强健的海东青"故其于羽猎之时，独能破驾鹅之长阵，绝雁鹜之孤塞，奔众马之木鱼，流九霄之毛血"③。海东青给辽金元时期的社会生活留下了深刻的影响，如《金史·舆服志》中写道："其从春水之服则多鹘捕鹅，杂花卉之饰。"④《蒙古秘史》第一章写道："也速该亲家，我昨夜做了一个梦，梦见白海青抓着日、月飞来，落在我的手上。我把这梦对人说：日、月是仰望所见的，

---

① 叶隆礼．契丹国志．贾敬颜，林荣贵，点校．上海：上海古籍出版社，1985：102.
② 熊梦祥．析津志辑佚．北京：北京古籍出版社，1983：234.
③ 熊梦祥．析津志辑佚．北京：北京古籍出版社，1983：234.
④ 脱脱，等．金史．北京：中华书局，1975：984.

▲ 图 24　春水玉带扣
元代，江苏无锡钱裕墓出土

如今这海青抓来落在我的手上；这白（海青）落下，是何吉兆？……是你们乞牙惕氏人的守护神来告的梦。"[1] 内蒙古盛家窝铺出土的金银牌饰，上刻人形海东青，可以说是《蒙古秘史》所记神化色彩的海东青的实物写照。

　　"鹘捕鹅"是春水图案的典型代表，目前发现玉雕中表现此类题材的较多，比如江苏无锡钱裕墓出土的春水玉带扣（图 24）。整件作品以荷花、水、芦苇等为背景，荷叶上方有一只细身长尾的鹘，目光炯炯，正回首寻觅，伺机攫捕天鹅，一只天鹅张口嘶鸣，正惊慌失措地展翅欲潜入荷花丛中。这是"春水玉"在江南地区的首次发现，可见其流行之广。也可见，春水玉、秋山玉经过辽金创兴，逐渐发展，到金代晚期和元代日渐成熟，

---

① 余大钧 . 蒙古秘史 . 石家庄：河北人民出版社，2001：59.

其制作达到了高峰。

　　而织物中明显表现鹘捕鹅题材的相对少见，美国大都会艺术博物馆收藏的金代绿地海东青捕鹅纹妆金绢是典型例子：纹样二二错排，滴珠窠的骨架内是一只展翅高飞的天鹅，以莲花表现水面；其上为鹘，向下飞行，呈擒鹅状，以云气纹显其高。正所谓"其物善擒天鹅，飞放时，旋风羊角而上，直入云际"[1]。而元代织物中明显表现鹘捕鹅题材的至今未见。

　　如果不了解春水的实际含义，我们恐怕很难理解像海东青这样的猎鹰为什么会在契丹人、女真人和蒙古人的心中占据这么重要的位置，也许在他们看来，海东青不仅仅是协助他们狩猎的动物，还可能具有某种图腾的性质。辽代春水的实际含义，是一种政治和娱乐融为一体的渔猎活动。到了金代，春水活动因受皇帝督导，有群臣和士兵参与，已演化成独特而重要的祭礼仪式。其目的在于让女真人通过海东青鹘捕鹅雁，来展现女真人在鹘身上寄托他们以小胜大、以弱胜强的勇猛精神，寄托有一天能问鼎中原的雄心，表达的是一种民族气概和精神。[2]所以春水图案中的海东青总是以矫健的姿态出现，而天鹅也总有翩然的妩媚，让人感觉春水纹样的主旨其实更在于发现生命的力和韵，用缕缕丝线织绣出水的明丽和此中蕴含的欣欣生意。

---

[1] 叶子奇.草木子.北京：中华书局，1959：85.
[2] 张润平.中国国家博物馆藏辽金元春水、秋山玉器初探.中国国家博物馆馆刊，2012（10）：64-82.

2）禽鸟纹

　　春水纹虽以"纵鹰鹘捕鹅雁"为要旨，但鹰的形象有时则忽略不见。在长久的流传过程中，以春水图式为源，不少其他样式也发展了出来，禽鸟也变得多样，包括大雁、飞鹤、野鸭等。辽代墓葬出土的纺织品中雁纹出现频率很高。内蒙古阿鲁科尔沁旗辽耶律羽之墓出土的紫罗地蹙金绣团窠卷草对雁，中心是一对通体用盘金绣绣出的立雁，昂首挺胸，翅略展，足单立。与此类似，内蒙古兴安盟代钦塔拉辽墓出土的雁衔绶带纹锦，上绣一对相对展翅的大雁，嘴衔绶带，立于花盘之上，造型十分优美。此外还有飞雁花卉纹锦、四雁纹绮等。[①]

　　到了元代，丝织品中明显表现鹘捕鹅雁的题材似乎至今未见，莲塘鹅雁戏的图案倒有不少。事实上，辽代就有池塘莲雁的刺绣，如贺祈思（Chris Hall）等私人收藏家收藏的刺绣和中国丝绸博物馆的同类收藏。[②] 这类表现池塘小景的刺绣一般极为精致，莲花、荷叶、莲蓬、蜻蜓，以及主角大雁，均非常形象生动。此外，1955年北京双塔庆寿寺出土了大蒙古国时期的缂丝《莲塘鹅戏图》（图25），紫色地上施以鹅戏莲花纹，花纹形象细小，构图取四方连续的形式，其图案如今通常被称为"紫汤鹅戏莲"[③]。风格与此类似的织品在内蒙古达茂旗大苏吉乡明水墓和一些西方博物馆的藏品中也有发现（图26），有些被称为"水鸟纹缂丝"。这

---

① （a）内蒙古文物考古研究所，等．辽耶律羽之墓发掘简报．文物，1996（1）：29.（b）内蒙古博物馆，等．内蒙古兴安盟代钦塔拉辽墓出土丝绸服饰．文物，2002（4）：56.

② 赵丰．辽代丝绸．香港：沐文堂美术出版社有限公司，2004：218.

③ 《北京文物精粹大系》编委会，北京市文物局．北京文物精粹大系·织绣卷．北京：北京出版社，2001：56.

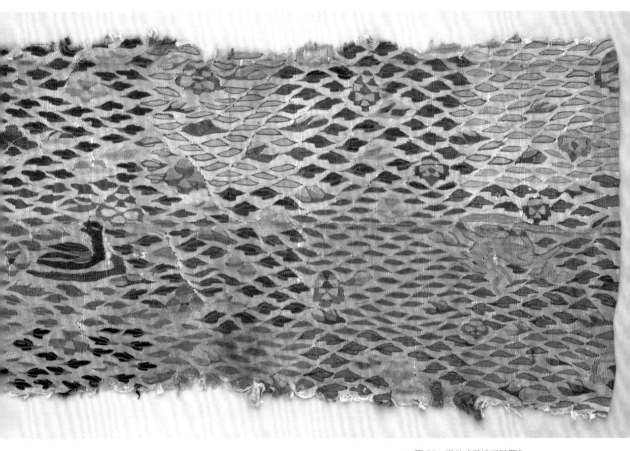

▲图 26　缂丝《莲塘双鸭图》
元代

◀图 25　缂丝《莲塘鹅戏图》（局部）
元代，北京双塔庆寿寺出土

类被叶子包围的水禽纹样在 13 世纪的北亚和中亚很常见，均可视作 13、14 世纪时的作品，可归入春水纹样。明水墓出土的缂丝靴套，相比上述"鹅戏莲花"，唯题材少了鹅，达到了不织水似见水的程度，从落花、枝叶，就可感受到水波荡漾、落花飘零的境界。出于对时代和图案的双重考虑，专家将它命名为"紫汤荷花"。这个命名得自南宋书画裱褙锦，命名如此，欣赏的意味自然蕴含其中。也许上述春水图正是后来常见的着重表现池塘小景的刺绣"满池娇"的雏形。

3）满池娇

"满池娇"图案在宋代就已出现，吴自牧《梦粱录》卷 13 列举临安（今杭州）夜市中出售的各类物品，其中就有"挑纱荷花、满池娇、背心儿"[①]。不过我们现在看到的刺绣实物基本都是元代中期以后的。满池娇是当时常见的一种刺绣纹样，指的是莲花、荷叶、藕、鸳鸯、蜂蝶等构成的池塘美景，常见于时人题咏。著名的一例是柯九思《宫词》："观莲太液泛兰桡，翡翠鸳鸯戏碧苔。说与小娃牢记取，御衫绣作满池娇。"注云："天历间御衣多为池塘小景，名曰满池娇。"[②] 此后有"鸳鸯鸂鶒[③]满池娇，彩绣金茸日几条""合欢花样满池娇……面面芙蕖……刺到鸳鸯双比翼"等诗词均提到满池娇。但刺绣中的满池娇是否等同于宋代缂丝图案中常有的"池塘小景"，如朱克柔的缂丝《莲塘乳鸭图》？扬之水认为两者还是有所区别的，因为缂丝作品多直接摹自名人画

---

① 吴自牧.梦粱录.杭州：浙江人民出版社，1980：119.
② 陈衍.元诗纪事.上海：上海古籍出版社，1987：393.
③ 即紫鸳鸯。

作，而且是作为观赏性艺术品的，而作为实用品的满池娇刺绣纹样，在图样来源和表现手法上，应与之有别。①

满池娇这种莲塘小景的图案本是元文宗的御衣纹样，但蒙古人服饰几无禁限，因此满池娇不仅用于御衣，在其他绣品中也会出现，如内蒙古额济纳旗黑城遗址出土的刺绣莲花双鹅暗花绫、河北隆化鸽子洞元代窖藏出土的刺绣满池娇枕顶、美国克利夫兰艺术博物馆收藏的刺绣满池娇护膝等。其中最著名的，当推内蒙古集宁路古城出土的紫地罗花鸟纹刺绣夹衫（见图4）。夹衫上刺绣的花纹图案极为丰富，多达99个，而且各不相同，仿佛在讲述一个个小故事。有树下读书、湖上泛舟、林中伐木等人物题材，还有秋兔、蝶恋花、春雁戏水等自然景色。其中以牡丹纹样变化最多又最为生动。99组图案中最大的两组就是异常生动的满池娇图案：两只鹭鸶，一只伫立着，一只带着祥云盘旋而下，以水波、荷叶、粉藕以及水草、芦苇为背景，天空中还飘着彩云，将这种纹样表现到了极致（图27）。这样的题材构图，与前面提到的春水图很是相似，只是加进了更多的元素。所以扬之水认为，满池娇与春水图的构成当有若干相同的基本要素，但内涵却并不一致；即以水来说，前者是"池"，后者是"海"。池里的水禽，常常是汉族传统的鸳鸯、鸂鶒或鹭鸶；海里的多是属于另一传统的天鹅和雁，那是春天从南方来的候鸟。而池与海的区别不仅在于一小一大，更在于后者是流动的，水的感觉几乎无所不在。或者说，

① 扬之水."满池娇"源流——从鸽子洞元代窖藏的两件刺绣说起 // 赵丰，尚刚.丝绸之路与元代艺术——国际学术讨论会论文集.香港：艺纱堂／服饰出版，2005：128-129.

▲ 图 27　紫地罗花鸟纹刺绣夹衫上的满池娇纹
元代，内蒙古集宁路古城出土

来源于春水的图案与"满池娇"融合为一，而两者本来就有着相近甚至相同的构成元素。满池娇包容了来自不同传统的创作构思和表现手法，成为一种显示元代特色的新意象。只是作为刺绣纹样的满池娇仍在变化，汉化的强势使得春水意象逐渐淡出，水禽中的天鹅和雁也演变成鸳鸯或鸂鶒，池与海的分别变得模糊了。① 这种纹样的融合与变化，正是在元代多元文化的背景下形成的。从纹样角度来说，丝织物常常成为其他工艺品模仿的典范。满池娇就是一个典型的例子。它从刺绣纹样开始，又成为元青花的装饰图案之一，到了明代，金银器也用到满池娇，但这些满池娇已经脱离了最初的寓意，被赋予了新的含义。

（3）秋山纹

"秋山"一词最早见于《辽史》，如"幸秋山""如秋山""猎秋山"等共计20余处。秋山的实际含义，已演化成独特而重要的祭礼仪式。其主要目的在于操练军队，训练战士的胆魄和骑射能力，以利于提高军队的战斗力。② 元成宗鼓励河南行省平章等蒙古勋贵时常纵鹰行猎，不单是供其"桑榆""娱心"及保护其游猎特权，还寓有蒙古游猎至上和"使民""不敢萌启邪心"之

---

① 扬之水."满池娇"源流——从鸽子洞元代窖藏的两件刺绣说起 // 赵丰，尚刚.丝绸之路与元代艺术——国际学术讨论会论文集.香港：艺纱堂／服饰出版，2005：128-129.
② 张润平.中国国家博物馆藏辽金元春水、秋山玉器初探.中国国家博物馆馆刊，2012（10）：64-82.

类扬威镇遏的含义。[1] 与秋猎相关的内容，在同时期的墓葬壁画中也有出现，如内蒙古敖汉旗七家辽墓 1 号墓穹隆顶部的壁画正是猎虎图，画中人物扬鞭策马，其中一人拉满弓搭箭正欲射，猛虎长尾向上翘起，前腿直立，后腿迈开，双目狰狞，威风凛凛。[2]

1）鹿　纹

秋山围猎以射鹿为主。前文提到的《元世祖出猎图》（见图 23）共绘有十人，前后分为两排。后排右起第一人为一扬鞭催马的黑脸大汉，身穿一件大红色海青衣，内着绿色贴里。海青衣胸前有一方形图案，内有花卉、奇石和卧鹿，鹿顶有灵芝状装饰，当为织金而成。从文献记载及绘画和实物均可发现，秋山之鹿是当时很受欢迎的动物纹样，这一题材的图案从辽即已开始，至金元一直流行。鹿纹在元代丝织品中频频可见，鹿的造型一般为四种——卧、立、奔、行，而鹿角大致可分为灵芝状、蘑菇冠状、新月状、（小）枝杈状等四类，其中灵芝状和枝杈状比较常见。有些鹿身有斑点装饰，我们熟悉的遍布鲜明的白色梅花斑点的就是梅花鹿。而鹿则有对鹿、双鹿和单鹿的形式。鹿纹在很多情况下是作为主题纹样出现的。松树、花卉、山石、卷草及云朵有时作为辅助纹样出现。此外，还有飞鹰啄鹿、仙鹤小鹿陪寿星的场景。除单一鹿纹外，亦有表现包括鹿在内的多种动物的画面，非常典型的就是美国大都会艺术博物馆收藏的动物花鸟纹刺绣（图 28）。该织物很可能是元代统治范畴下的地区织造的，该绣品上的纹样凸显

---

[1]　李治安 . 元朝诸帝"飞放"围猎与昔宝赤、贵赤新论 . 历史研究，2018（6）：21-39.

[2]　敖汉旗七家辽墓 . 内蒙古文物考古，1999（5）：46-66，104.

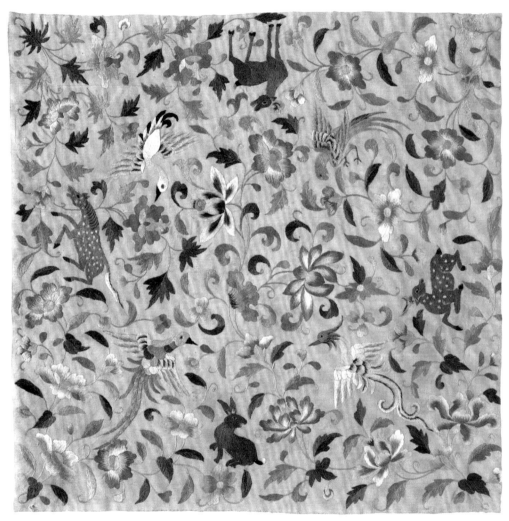

▲图28　动物花鸟纹刺绣
元代

了传统中国纹样的特色，无论是凤鸟、鹦鹉，还是斑马、兔、卧鹿、立鹿四个方向的位置设计，以及盛开的莲花、莲叶等图案，均盛行于元代。

鹿纹在辽金元三代的流行，追根溯源，可以远至早期北方游牧民族斯基泰（Scythia），近至唐代。斯基泰是早期的一支游牧民族，公元前7世纪至公元前3世纪大致活动在黑海北岸。其族人对鹿非常尊崇，鹿是斯基泰文化艺术中的典型形式。斯基泰鹿，一般鹿角夸张，呈波浪状。因此我们可以认为，头顶枝权状大角的牡鹿形象很可能最初就源自斯基泰鹿。而辽金元鹿纹更多的是对唐代鹿纹的延续。众所周知，由于丝绸之路的通畅和文化交流的发达，唐代的丝绸图案一方面继承了中国的传统风格，另一方面更为重要的是从中亚、西亚的装饰艺术中吸收了大量的营养，因此这一时期的图案远比前期丰富。在萨珊波斯文化影响较大的中国西北地区，新疆吐鲁番阿斯塔那墓中出土了多件属于唐代初期的具有西方织锦技术特征的联珠团窠鹿纹锦。鹿是这一时期的常见题材，联珠环中的鹿是一种马鹿，又称赤鹿，壮硕无比，雄鹿有角，多达8叉，与中国传统的鹿相去甚远，其造型来自西亚。将唐代鹿纹和辽金元鹿纹对比，可以发现辽金元时期的不少鹿纹亦头顶枝权状大角。而类似美国大都会艺术博物馆收藏的动物花鸟纹刺绣中有灵芝状和新月状鹿角的鹿，则显示出唐代中亚瑞鹿在辽金元时期的孑遗，因为此类鹿角常见于中亚艺术品中。可以说，辽金元时期的很多鹿纹兼有对唐代鹿纹风格的继承和与当地鹿纹的结合。[1]

---

① 茅惠伟．辽金元时期织绣鹿纹研究．内蒙古大学艺术学院学报，2006（2）：52-58.

▲ 图 29　紫地罗花鸟纹刺绣夹衫上的刺绣鹿纹
元代，内蒙古集宁路古城出土

　　但是否所有的鹿纹都能归入秋山纹样，其实是有争议的。[①] 飞鹰逐鹿、呼鹿呦呦、鹿惊飞奔的动态纹样，毫无疑问是秋山纹，如出土于内蒙古集宁路古城的紫地罗花鸟纹刺绣夹衫上的刺绣鹿纹（图 29），该鹿头顶灵芝状花冠，边疾驰飞奔，边回首观望，似背后有猎人追击，十分生动。此外，中国丝绸博物馆收藏的缂丝鸾凤云肩鹿纹肩襴残片，在云肩轮廓外围满地折枝花卉中有一头作回首状奔跑的小鹿。另有私人收藏的缂丝龙凤

---

① 刘珂艳 . 元代织物中鹿纹研究 . 装饰，2014（3）：133-134.

花卉云肩，其上有两只奔鹿，一只头顶灵芝冠，回首望它那有枝权状鹿角的同伴。这类奔鹿的形象，极具动态效果。但更多时候，鹿是单独出现的，即没有与飞鹰同步现身。鹿的神态安详，有时口衔灵芝或绶带，有时周边飘浮如意云和灵芝，闲庭信步于茂密的花草丛中，这样的鹿纹与秋山之意似乎不合。这应该可以归结为草原民族对秋山题材的偏爱。鹿本身的蕴意是多元的。第一，金元政权都是由北方游牧民族所建，北方草原文化的形成和发展，极大地丰富了中华文化的宝库。草原、苍穹、奔鹿、飞鹰构成了一道绮丽的风景线。这些风景会很自然地体现在丝织品等工艺品的纹饰上。第二，按照中原传统，鹿与"禄"谐音，寓意吉祥，《通典》中提到"鹿者，禄也"①，汉文化中追求吉祥如意的愿望，在游牧民族中得到了共鸣。第三，蒙古族有"苍狼白鹿"的著名传说，其最早的官修史书里开篇就提到，"当初元朝人的祖，是天生一个苍色的狼，与一个惨白色的鹿相配了……产了一个人，名字唤作巴塔赤罕"②。可见蒙古族确曾相信其祖先和狼、鹿这两种动物关系甚密，对鹿有亲近和崇拜情结。

　　2）兔　纹

　　事实上，鹿并不是秋山时的唯一猎物，兔子也是很受欢迎的一类。如一件私人收藏的元代袍服，右衽交领，窄袖宽摆，衣身胸前有一块四方形妆金胸背（图30）。该胸背保存完好，纹样主体为一只健壮的奔兔，其右上方有一只凌空展翅的猎鹰，正是海

---

① 杜佑.通典.杭州：浙江古籍出版社，2007：336.
② 蒙古秘史（校勘本）.额尔登泰，乌云达赉，校勘.呼和浩特：内蒙古人民出版社，1980：913.

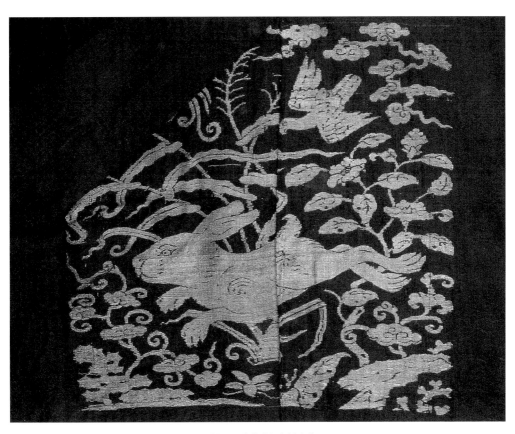

▲ 图 30　海东青逐兔纹胸背
元代

东青。海东青的体型要比奔兔小很多，体现了近大远小的空间感，鹰的身后飘动着朵朵灵芝祥云，衬托出鹰飞翔的速度，如一幅写实的鹰逐兔的场景。有意思的是，近年还发现了另一件和该袍服胸背图案几乎一模一样的织物，现收藏在中国丝绸博物馆。前文提及的紫地罗花鸟纹刺绣夹衫，99 个刺绣图案中也有兔纹。此奔兔作回首状，神态警惕，步履轻盈，双耳竖立，似眼观六路、耳听八方，是典型的秋山纹样。[1]

元代比较常见的是搭子形式的兔纹。所谓搭子，是指一块块面积较小、形状自由的纹样散点排列的图案。[2]宋元时期以搭为正，即块的意思。直至今日，口语中仍有"这搭地方"之说法。比较实物，这类搭子图案在宋元时期的纺织品中的确十分流行。甘肃漳县汪世显家族墓出土有搭子奔兔纹织金绫，是以奔兔为主体构成近方形的搭子纹样，单元搭子排列成行，且相邻行的纹样方向做水平翻转。搭子中的兔子一边奔跑一边回头观望，形象十分生动。美国克利夫兰艺术博物馆收藏的元代奔兔纹妆金绢残片，保留了两行共5只奔兔的单元纹样。兔子纹样加金，以搭子形式出现，纹样二二错排，且一排向左，一排向右。纹样中的兔子双耳直立，十分矫健。虽然单元纹样左右不对称是中国传统的织造特色，但是双根经线为一组的织造技术证实了该织物继承了中亚传统的纺织特征。这类织物很可能是在弘州生产的[3]，弘州纳失失局是元

---

① 茅惠伟. 中国古代丝绸设计素材图系·金元卷. 杭州：浙江大学出版社，2018：14.
② 赵丰. 中国丝绸艺术史. 北京：文物出版社，2005：163.
③ Watt, J. C. Y. & Wardwell, A. E. *When Silk Was Gold*. New York: The Metropolitan Museum of Art, 1997: 109.

代重要的官方织造局，局中有汴京（今河南开封）和中亚织工。另一件私人收藏的元代印金描朱兔纹纱（图31），同样是搭子纹样，主题为花草丛中边跑边回首的兔子。工艺为印金再加印朱砂，即在印金图案上勾勒图案的轮廓。这类用金织物被称作"金搭子"，其题材多为兔、鹿之类，造型亦极为相似。①

但是相比鹿，元代丝织品上的兔纹背后的文化更为复杂。在游牧文化中，兔子是猎物，但在汉文化中，兔子代表月亮。《初学记》引《五经通义》："月中有兔与蟾蜍何，兔，阴也；蟾蜍，阳也，而与兔并，明阴系于阳也。"②人们对玉兔捣药的故事耳熟能详，李白诗曰："白兔捣药成，问言谁与餐？"兔子与太阳中的金乌相对，在月亮里捣长生不老药，如缂丝玉兔云肩残片（图32）所示。③佛教文化中也会出现兔子，如兔本生的故事，情节类似于舍身饲虎自我牺牲，讲述了佛陀生前化作白兔为救他人而自投火中为他人所食的传说。④通过对比新疆克孜尔石窟中的兔本生图案，可将一块私人收藏的卷草地滴珠窠兔纹纳石失中的兔纹认定为兔本生题材。⑤拥有上述文化背景的兔子纹样，显然不能一概归入秋山纹样。

① 赵丰.中国丝绸通史.苏州：苏州大学出版社，2005：378.

② 徐坚.初学记.北京：中华书局，1962：10

③ 赵丰，金琳.黄金·丝绸·青花瓷——马可·波罗时代的时尚艺术.香港：艺纱堂/服饰出版，2005：48.

④ 任平山.兔本生——兼谈西藏大昭寺、夏鲁寺和新疆石窟中的相关作品.敦煌研究，2012（2）：57-65.

⑤ 刘珂艳.元代织物中兔纹形象分析.装饰，2012（10）：125-126.

▲图31　印金描朱兔纹纱
元代

▲ 图 32　缂丝玉兔云肩残片
元代

2. 西域风情

元代墓葬，尤其是北方墓葬，出土了诸多加金织物，主要有织金和印金。其中织金织物，以纳石失最为著名，最具特色。源自西域的纳石失，其纹样题材常带有浓郁的西域风情。经常采用大型禽兽图案，有时还织入具有波斯或阿拉伯文字风格的纹样。图案布局也较为特别，主要是纹样甚满，或是团窠与其他小花纹样紧密穿插，形成细花密地的风格；或使团窠布于满地琐纹之上，形成锦地开光的特殊形式。《蜀锦谱》中记载的"簇四金雕""狮团""盘象"等均似西域风格的图案。元代丝织品上的西域纹样，除了唐代就有的雕类等，还出现了格力芬、司芬克斯等西方神兽，以及具有西方特色的植物和极具特点的几何纹。

（1）动物纹

1）禽　鸟

禽鸟纹样在当时的纳石失中十分流行，主要可分为三大类：一是对称形式，由背对背但回头相望或面对面的两禽组成（图 33）；二是身体正面的奇异双头鸟；三是排列在一条水平线上的鹰群或雕群等禽鸟。[①] 这三类禽鸟形象在传世织物和出土文物中都有大量实例。德国柏林工艺美术博物馆及德国克雷费尔德纺织博物馆均藏有著名的黑地对鹦鹉纹织金锦（图 34），鹦鹉翅上还织有波斯文字，这是较为多见的对称形式。[②] 一件私人收藏的纳石失残片上也有类似风格的图案。此类纹样应该是继承了新疆阿拉尔

---

① 赵丰.中国丝绸通史.苏州：苏州大学出版社，2005：368.

② 赵丰.中国丝绸艺术史.北京：文物出版社，2005：169.

▲ 图 33　对鸟纹织金锦
元代

▶ 图 34　黑地对鹦鹉纹织金锦（局部）
元代

出土的北宋时期盘雕锦袍上的对雕造型风格。除了纳石失，元代粟特锦上也出现了对鸟纹。中国丝绸博物馆收藏的团窠对孔雀纹粟特锦残片（图35），虽然很窄，但纬向很长，达83厘米。纬向上共有四个团窠，左端两个团窠的纹样较为完整，可以看出其中的主题纹样是一对孔雀，中间为一棵花树，孔雀颈上系有一带，花树之中也有一新月装饰。团窠外环以阿拉伯库菲字体纹样作为造型，即用无法辨认的文字纹样作为装饰，这是极为典型的伊斯兰艺术的特点，在当时极为流行。该织物的大部分区域以蓝、绿、黄三色织成，但绿色基本已褪色。残片上部有宽约2.5厘米的纹样带，由黄、绿、白三色织成，图案无法辨认。这类织物从唐代开始一直沿用至元代，在元代被称为"撒答剌欺"，是极为典型的中亚织工生产的织物。双头鸟纹样其实在中西文化中都有，关于它的来源、类型和传播等有不同的观点。国内文献提的并不多，在佛教故事中此类鸟被

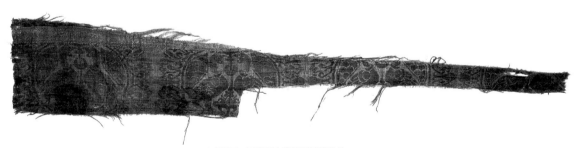

▲ 图 35　团窠对孔雀纹粟特锦残片
元代

称作"共命鸟",又名"生生鸟""命命鸟"等,《杂宝藏经》
云:"昔雪山中,有鸟名'共命',一身二头。"[1]《佛本行经》
《阿弥陀经》《法华经》等亦有提到。此外,也有比翼鸟等说法。
两首一身的双头鸟形象在西方也有很长的历史并流传至今,英文
中则称其为"double-headed eagle"。这种纹样起源于小亚细亚,
在苏美尔文明中已经可以找到实例,在拜占庭帝国和神圣罗马帝
国等时期成为君权或国家的象征,这种传统至今仍被一些国家沿
用,例如今天俄罗斯的国徽仍采用了这种图案。美国克利夫兰艺
术博物馆藏有两件大型的元代纳石失,精湛的工艺表明其是在官
营织造局织制的;单根地经、双股纹纬的使用,表明其是中外结
合的产物,因为单根地经是中国丝绸织制的传统,双股纹纬则是
伊朗丝绸织制的传统。而双头鸟的纹样显然来自西域,鸟爪抓一
龙头,这是十分典型的中亚双头鹰的造型。[2]瑞士阿贝格基金会
(Abegg-Stiftung)收藏的双头鸟织金锦(图36),其上的双头鸟
体形极大。有学者认为,此类双头鸟可能是格力芬的变体,源自
西亚的斯基泰民族。但这些双头鸟的来历和含义应有很大的不同,
至今为止双头鸟与其载体的关系依然不甚清晰,众说纷纭。禽鸟
纹样的第三类是队列形式,内蒙古达茂旗大苏吉乡明水墓出土的
对雕纹织金锦风帽(图37)就是这种类型的。这种无骨架的禽鸟
图案在13世纪较为流行。

---

[1] 吉迦夜,昙曜. 杂宝藏经. 广州:花城出版社,1998:130.
[2] Watt, J. C. Y. & Wardwell, A. E. *When Silk Was Gold*. New York: The Metropolitan Museum of Art, 1997: 313.

▲图 36　双头鸟织金锦
元代

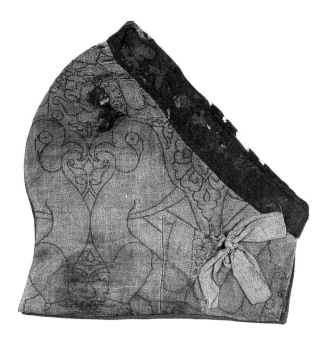

▲图37 对雕纹织金锦风帽
元代，内蒙古达茂旗大苏吉乡明水墓出土

2）神 兽

　　格力芬作为西方造型艺术中的神兽，以守护金矿或黄金宝藏而著称，其造型最早出现在公元前三千纪的两河流域。这类主题在北非、南欧、南亚、西亚、中亚和欧亚草原都有发现，是古代世界最有国际性的艺术主题。它有很多变种，但人们对其在早期宗教和神话中的含义并不是很清楚。[①]它在希腊神话中已经出现，在草原民族中更是广为传播。早在斯基泰人的艺术中已见广泛使用，到唐代至元代之间较多地用于丝绸图案。它是由

---

① 李零.论中国的有翼神兽.中国学术，2001（1）：62-134.

不同的动物组合起来的形象，并产生了很丰富的变化，最大的特征就是带翼的造型。元代丝织品上的格力芬常以对格力芬的形象出现，有鹰首狮身格力芬，如美国大都会艺术博物馆收藏的团窠格力芬织金锦（图 38）；有鹰首羊身格力芬，如内蒙古集宁路古城出土的龟甲地瓣窠对格力芬彩锦，在椭圆形窠内填充的对格力芬，圆眼、鹰嘴，身上卷曲如羊毛，短腿，四肢长有羊蹄。

司芬克斯，即狮身人面的怪物，出现于公元前三千纪的古埃及。内蒙古达茂旗大苏吉乡明水墓出土的团窠戴王冠对狮身人面织金锦（图 39），是非常典型的代表。此锦原用于辫线袄下摆。图案的基本骨架为四瓣小花连成的方格，中间是 22 瓣的瓣窠，窠中一对翼狮造型生动，人面戴冠，作相背回首状，窠外四角有莲花装饰，此锦是一件极为难得的珍品。[1] 狮子是通过丝绸之路引进的西域野兽，这在《汉书·西域传》中有记录："自是之后，明珠、文甲、通犀、翠羽之珍盈于后宫，蒲梢、龙文、鱼目、汗血之马充于黄门，巨象、师子、猛犬、大雀之群食于外囿。殊方异物，四面而至。"[2] 在古代中亚，狮子是权威的象征，狮首纹（Kirtimukha）意为荣耀面容（图 40）。对狮是元代十分常见的题材，它与唐代对狮图案的不同之处在于，两狮往往背向而立，其尾盘绕于后腿之间。美国克利夫兰艺术博物馆收藏的翼狮格力芬织金锦（图 41）中的对狮就是背向而立，转首相望的。狮子翅膀上的云纹具有典型的中国风格，尾巴末端以龙头为饰。

---

[1] 夏荷秀，赵丰. 达茂旗大苏吉乡明水墓地出土的丝织品. 内蒙古文物考古，1992（1-2）：113-120.

[2] 班固. 汉书. 谢秉洪，注评. 南京：凤凰出版社，2011：275.

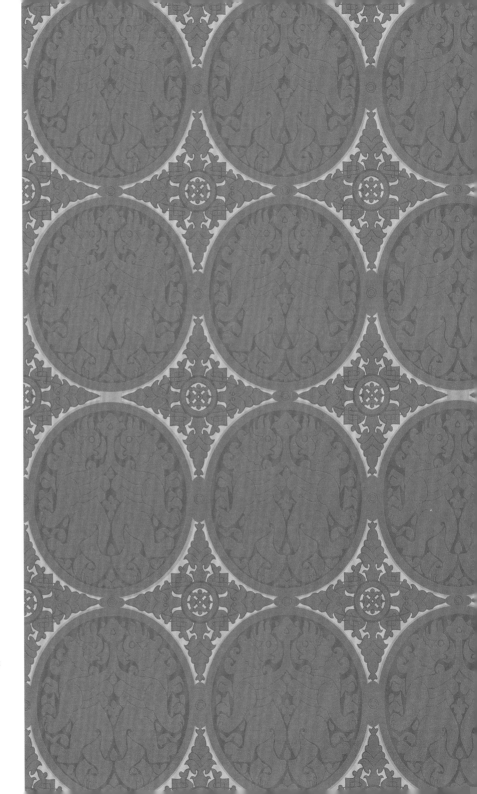

▶ 图 38　团窠格力芬
织金锦纹样复原
元代

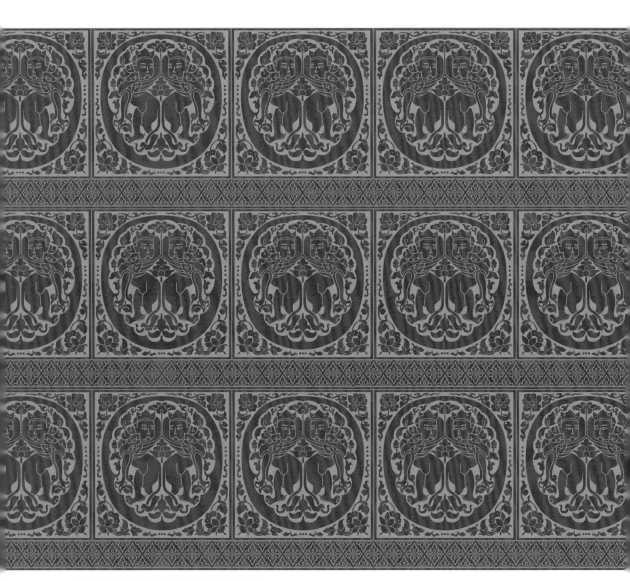

▲ 图 39 团窠戴王冠对狮身人面织金锦纹样复原
元代，原件内蒙古达茂旗大苏吉乡明水墓出土

▲▲ 图 40　狮首纹风帽及局部图
元代

▲图 41　翼狮格力芬织金锦（局部）
元代

　　神兽纹样中，相对来说 Djeiran（图 42）比较少见。这是一种似鹿非鹿的纹样，是一种来自中亚的动物，7 世纪后经常出现在粟特人的银器上，当地称为 Djeiran，翻成中文应该是中亚羚羊。Djeiran 纹样被考证认为来自西域粟特，在金代以前中国的纺

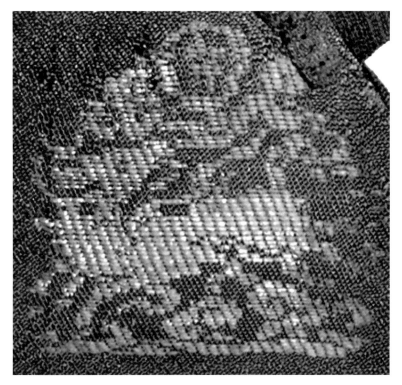

▲ 图 42　Djeiran 纹妆金绫帽披（局部）
元代

织品、金银器和瓷器上均未发现这种图案。其他的一些粟特图案出现在中国银器上的时间大约为唐代，而几百年以后粟特人的 Djeiran 图案才为金代人所采纳，并完好无损地出现在金代艺术品上，无论是外形还是姿势均无较大变化，这也令人感到惊讶。

Djeiran 纹样从金代沿用至元代，在中国文献中，这种图案俗名"犀牛望月"。"犀牛"原指朝天犀牛，为了赋予图案更为传统的含义，又称"吴牛喘月"（生于江南的水牛，畏热，见月误以为日，故喘）。金代版本的 Djeiran 最初为何与日纹或月纹联系在一起尚不明确，而且人们误将羊认成了牛。可能从外来文化中借鉴图案样式但对图案的原义不加辨别之时，就会出现这样的改变。大蒙古国时期，中国境内生产的织物闻名于西亚并且影响了波斯的丝绸图案。例如德国纽伦堡收藏的一件波斯丝绸上织有 Djeiran 纹，动物的形态和滴珠的形式均和金代的妆花图案相似，但是图案填入骨架中，而不是在清地上以二二错排的形式排列。并且，金代版本的羚羊图案上面的月纹消失了，这说明波斯的织工或者未能理解月纹在中国图案中的含义或者选择忽视它。

在从外来文化中借鉴图案样式但对图案的原义不加以辨别的情况下，还经常会出现特别的命名法。同样的情况还有 Makara（摩加罗，摩羯鱼），在其原义被正确理解以前，各种称谓就已在中国出现了。摩羯鱼起源于印度，中国从唐代开始多用摩羯纹作装饰，辽始多用于织绣艺术，渐失去摩羯纹的原始特点。在辽代和金代它被认为是龙鱼（鱼龙），目前也发现了不少以此为题材的金代铜镜。在宋代，这类摩羯鱼是被禁的："凡命妇……仍毋得为牙鱼、飞鱼、奇巧飞动若龙形者。"[1] 这里的牙鱼和飞鱼都是具龙形而非龙者，正是摩羯鱼之类。1978 年，内蒙古达茂旗

---

[1]　李攸.宋朝事实.上海：商务印书馆，1935：214.

大苏吉乡明水墓出土的摩羯纹织金绢，整块织物甚大，已残，原件可能被用作元代墓中的棺壁贴。它在平纹地上以片金织入，背后亦有地纬作背浮，是典型的金代至元代的组织结构。纹样正是一条头身如龙，两侧长翅膀如凤，但尾部又如鱼的摩羯鱼（见图12）。元代的鱼龙纹织物除此件外，还可见藏于美国克利夫兰艺术博物馆的摩羯鱼凤鸟花卉纹锦。入明之后，鱼龙又被用于赐服图案，这种赐服被称作"飞鱼补服"。

（2）植物纹

对于中亚、西亚来说，大部分地区干旱炎热，因此绿色植物被看作生命的象征，在各种工艺品上被广泛用作主题纹样。这类纹样中，树叶纹的造型一般类似于扑克牌中的花式造型。美国克利夫兰艺术博物馆收藏的棕叶纹织金绢（图43）就是这种风格的，而且双根地线为一组的织造技术也继承了中亚的传统纺织特征，但是纹纬在织物背面以抛梭的形式织造，这又是典型的中国织造传统。专家因此推测此类中西合璧的织物，很可能是由那些被俘虏到中原的西域织工所织造的。同样，收藏在该博物馆的莲花纹妆金绢，纹样以滴珠窠形二二错排，单元纹样左右对称，这种形式是中亚艺术所特有的，而双根地线为一组的织造技术也证实了该织物的中亚纺织特征。

（3）几何纹

元代袍服上经常出现袖襕和肩襕图案。其实这样的纹样在金代已露端倪，如黑龙江阿城金代齐国王墓出土的织金袍襕。到元

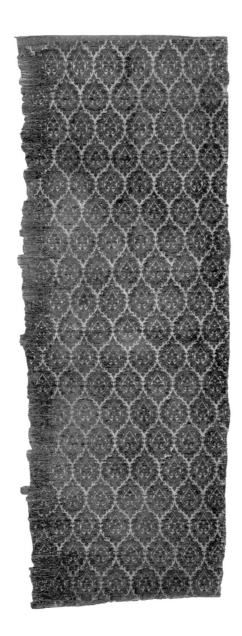

◀图 43　棕叶纹织金绢

元代

代可以找到大量的实例，比如英国罗西画廊（Rossi & Rossi Ltd.）收藏的织金锦辫线袍（图44）、几何纹肩襕（图45），抑或1978年内蒙古达茂旗大苏吉乡明水墓出土的织金锦袍等，大都是带有波斯或阿拉伯文字风格的图案，以圆圈和线条组成。纹样规整变形，上下左右，处处对称，高度程式化，和伊斯兰装饰风格十分接近。

除了上述袖襕和肩襕图案，元代还兴盛琐纹，有时它们是作为团窠主题纹样的地部，有时是作为独立的图案出现的，包括球路纹、卍字纹、龟背纹等。宋代《营造法式》及元代山西永乐宫壁画中大量出现了琐纹，是此类纹样在宋元时期流行的佐证。卍字屡见于元代丝绸（图46），它时而充当主纹，时而用作地纹，它的出现使得图案显得规矩严谨。卍字原是佛教中的一个吉祥符号，在唐代时出现，但当时只是单独用于佛教场合。到宋代后，由于曲水纹的大量出现，卍字作为一种装饰图案的地纹被大量使用。元代是卍字使用最为普及的时代。这种卍字发展到明清时期，成为卍字不断头，寓意绵绵无绝。龟背纹在唐代已经流行，而在宋代似乎达到极盛，在元代依然流行。中国丝绸博物馆收藏的龟背地团花纹特结锦（图47），以六边形的龟背纹作地，在龟背内填以六瓣小花，主花为直径16.5厘米的团花图案，以二二错排的形式排列。在琐纹地上起团窠或其他窠状主花的形式叫作"锦地开光"，早在辽代已出现在织锦上，从元代山西永乐宫的壁画服饰形象中也可以看到。而敦煌莫高窟出土的琐纹地滴珠窠花卉纹织金锦残片，图案为琐纹格地上置桃形瓣窠，窠内为朵花纹（图48）。总体来看，这是一种锦地开光的图案排列格式，在小几何纹地上安置窠形纹样，窠

▶ 图 44 织金锦辫线袍
元代

▼ 图 45 几何纹肩襕（局部）
元代

▲ 图 46　菱格金锭卍字纹织金绢纹样复原
元代，原件江苏苏州吴张士诚母曹氏墓出土

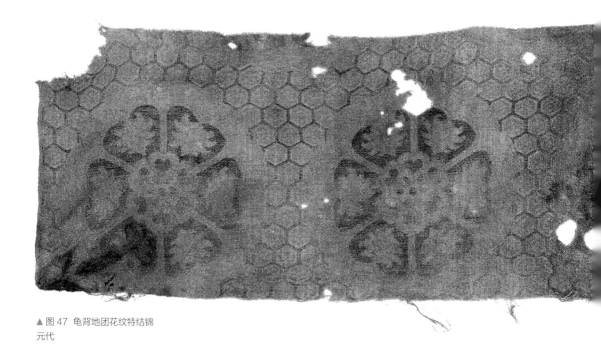

▲ 图 47 龟背地团花纹特结锦
元代

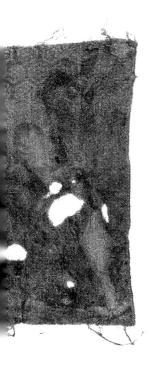

形有团窠、滴珠窠、柿蒂窠等，窠中主题纹样通常为花卉或动物。这类纹样始于辽代，但在元代变得特别流行。[①] 琐纹等几何纹的源头虽然早在魏晋时就已出现，但为数甚少，不成气候。赵丰认为，元代琐纹的兴盛很可能与伊斯兰文化的传播有关。伊斯兰教的装饰艺术中不用人物和动物，但却有各种变化丰富的几何形状图案出现，这种装饰艺术主要表现在建筑上，但在宋元时期也影响了织物图案。[②]

① 赵丰，罗华庆.千缕百衲：敦煌莫高窟出土纺织品的保护与研究.香港：艺纱堂/服饰出版，2014：92.

② 赵丰.中国丝绸艺术史.北京：文物出版社，2005：165.

▲ 图 48　琐纹地滴珠窠花卉纹织金锦纹样复原
元代，原件甘肃敦煌莫高窟出土

3. 日月龙凤

按《元典章》卷58"工部一·段匹·禁织龙凤段匹"记载："至元七年，尚书刑部承奉尚书省札付，议得，除随路局院系官段匹外，街市诸色人等不得织造日月龙凤段匹。若有已织下见卖段匹，即于各处管民官司使讫印记，许令货卖。如有违犯之人，所在官司究治施行。"① 这里提到的"日月龙凤"指的可能正是金段子（金段子和上文的纳石失均是元代重要的织金锦，金段子一般采用地络类插合结构，保留了丰富的中国传统元素 ②）袍料上的图案。元代袍服上常常可见双肩和胸背饰有织金的纹样，比如私人收藏的卍字地双兔纹龙纹胸背日月双肩织金大绣袍的上身部分共有四个纹样区，双肩是双龙托起的圆盘，前胸后背均织出方形的五爪龙纹（图49）。中国丝绸博物馆收藏的绫地盘金绣辫线袍的左右肩上也绣有圆盘纹样，左肩上的圆盘，为太阳和三足乌纹样；右肩的圆盘上有一兔，显然在象征月亮，因为传说中月亮上有玉兔。乌纹和兔纹，证明这是日月纹，寓意肩挑日月。这种日、月纹位于袍服双肩位置的情况与明清时期出现的十二章纹龙袍实物相吻合。从上述两件袍服的情况来看，当时所谓的"日月龙凤"，或许就是用龙托住日、月的纹样。③

---

① 元典章 . 陈高华，等点校 . 天津：天津古籍出版社，2011：1962.
② 茅惠伟 . 蒙元织金锦之纳石失与金段子的比较研究 . 丝绸，2014（8）：45-50.
③ 赵丰 . 中国丝绸通史 . 苏州：苏州大学出版社，2005：375.

▲▶▶ 图49 卍字地双兔纹龙纹胸背日月双肩织金大袖袍及胸背上的纹样
元代

（1）龙　纹

元代时官府出台了禁止民间织造龙凤纹样的政策。龙是传说
中的神异动物，古人认为它象征最高的祥瑞。在古文献中有很多
这方面的记述，有关它的传说亦不少，多离奇神怪，众说不一。
龙纹原先是神武和力量的象征，后被作为"帝德"和"天威"的
标志。龙的形象在先秦以前比较质朴粗犷，发展到金元时期，其
形态一般是：头如兽，有角，嘴角有须，躯干像蛇，还有四只带
爪的脚，威武有力；躯干上的鳞片和鳍使它与水有分不开的关系，
成为一种变幻莫测的神兽。龙在中国文化史上有着举足轻重的地
位，相传为神灵的化身，自古受到人们的顶礼膜拜，最初被用作
图腾徽识，进而演变成一种装饰纹样。以龙为装饰的做法，早在
五千年前的新石器时代即已出现。龙的形象是大众创造的，但长
期以来，这一深化了的艺术形象被统治者视为权力的象征，故又
被称作"帝王之龙"。

目前发现的元代的龙纹织物上，龙的造型变化丰富，有行龙、
升龙、降龙、团龙、缠身龙等。行龙即侧龙，又称走龙，表现龙
的行走之状。1964 年江苏苏州吴张士诚母曹氏墓出土的罗地龙纹
刺绣衣边（图 50），表现的正是腾云驾雾的行龙形象，龙的造型
简洁，均为五爪，龙与龙之间相隔两朵卷草的纹样。[1] 升龙即龙
身呈上升之态，降龙即龙身呈下探之势。团龙是圆形的龙，可以
是单龙，也可以是双龙。双龙的情况，有两升龙相对、两降龙相对，
或一升一降相对的升降龙。团龙纹作为君主袍服的纹样，始于唐

---

[1]　苏州市文物保管委员会，苏州博物馆.苏州吴张士诚母曹氏墓清理简报.考古，
1965（6）：289-300.

▲ 图 50　罗地龙纹刺绣衣边
元代，江苏苏州吴张士诚母曹氏墓出土

代，最早的记载见于《唐会要》，宋代和西夏时期亦有出现，重庆明玉珍墓出土了刺绣团龙（图 51）。宋元时期出现了许多新形状的窠类纹样，柿蒂窠就是其中一类。柿蒂窠又称方胜窠或四出尖窠。如高丽时期（918—1392 年）的佛腹藏织物——发现于韩国文殊寺的柿蒂窠龙纹纱（图 52）。元代的龙常与花草、云气，甚至八吉祥等相结合，于是就有了"百花撵龙""云龙八吉祥"（图 53）等。

最有威严的应该是缠身龙，让人望而生畏，展现天子十足的威严。美国大都会艺术博物馆收藏的缂丝曼陀罗左下角的元明宗和元文宗所穿的龙袍就是典型代表。元代有明文规定，民间禁用缠身龙纹，如《元典章》卷 58 "工部一·段匹·禁军民段匹服色等等"记载："大德十一年正月十六日，……今后合将禁治事理开坐前去，仰多出榜文遍行合属，依上禁治施行。……五爪双角缠身龙、五爪双角云袖襕、五爪双角答子等、五爪双角六花襕。"[①]《通制条格》卷 9 "衣服·服色"写道："大德元年三月十二日，中书省奏：街市卖的段子，似上位穿的御用大龙，则少一个爪儿，四个爪儿的织着卖有。奏呵，暗都剌右丞相、道兴尚书两个钦奉圣旨：胸背龙儿的段子织呵，不碍事，教织者。似咱每

---

① 元典章.陈高华，等点校.天津：天津古籍出版社，2011：1965-1967.

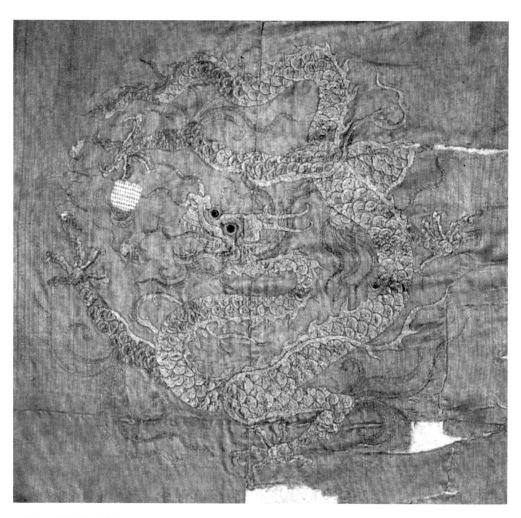

▲ 图 51　刺绣团龙（局部）
元代，重庆明玉珍墓出土

▶ 图 52　柿蒂窠龙纹纱
纹样复原
元代，原件韩国文殊寺金
铜阿弥陀佛腹中发现

◀图 53 云龙八吉祥暗花缎
元代，江苏无锡钱裕墓出土

穿的段子织缠身大龙的，完泽根底说了，随处遍行文书禁约，休教织者。"① 从上述文献可见，御用龙纹为五爪龙，四个爪的龙纹民间可用。这在《通制条格》中有特注：龙谓五爪二角者。事实上，到了明清，双角五爪龙被正式定为帝王御用。

（2）凤（凰）纹

龙，是帝王之龙；凤，是皇后之凤。凤在古代传说中是"非梧桐不栖"的高贵美丽的百鸟之王，有"百鸟朝凤"之说。《说文解字》有记："凤，神鸟也。"郭璞对《尔雅·释鸟》有注："凤，其雌皇。瑞应鸟，鸡头，蛇颈，燕颔，龟背，五彩色，其高六尺许。"②凤凰的形象经过很长时间的变化，到了元代，凤头出现了两种造型：一种形似锦鸡，另一种更接近鹰。凤凰最大的造型特征是尾羽，凤尾或作齿边飘带状，或作卷草状，以齿边飘带状为常见，这也是后来明清时期常见的凤鸟尾部造型。有人认为，凤凰两种造型的尾羽是为了表现雌雄有别，因为"凤凰"虽连在一起称呼，但实际上雄曰凤，雌曰凰。③ 不过根据《营造法式》的附图来看，长条齿边飘带状尾羽的称为"鸾"，卷草状和孔雀翎状的尾羽则是凤凰。这个特征在宋代的丝绸纹样中几乎没有什么发现，但在元代织物中却得到了区别对待，如美国大都会艺术博物馆收藏的罗地双盘凤纹绣方巾（图54）中的双凤，一只尾为五彩飘带，另一只作卷草状。同样，江苏苏州吴张士诚母曹氏墓出土的罗带和

---

① 通制条格.黄时鉴，点校.杭州：浙江古籍出版社，1986：134.
② 尔雅.郭璞，注.王世伟，校点.上海：上海古籍出版社，2015：180.
③ 刘珂艳.元代纺织品纹样研究.上海：东华大学，2015：52.

▲ 图 54　罗地双盘凤纹绣方巾
元代

青绘龙凤边饰上出现的凤鸟的尾羽也是如此情况。

那么，鸾和凤到底有何关联？《广雅·释鸟》记载："鸾鸟，凤皇属也。"[1] 第 7 版《现代汉语词典》的解释为："鸾：传说中凤凰一类的鸟。"[2]《中国工艺美术大辞典》对"凤凰纹"的解释为："传统吉祥纹样。"[3]《山海经·大荒西经》中写道："有五采鸟三名：一曰皇鸟，一曰鸾鸟，一曰凤鸟。"[4] 雄为凤，雌为凰，雄雌同飞，相和而鸣。根据上述文献至少可以推断，鸾和凤是有区别的，凤和凰则是雄雌之分。若仔细观察，可以发现鸾和凤的形象在金元织物上的差异，更多地体现在体型上，鸾鸟体型较小，凤鸟体型较大，气势非凡。这样的差异，似乎也在印证，鸾从属于凤，但地位不及凤，只是两者关系实在密切，故常合在一起称作"鸾凤"。至于凤凰虽分雄雌，但一般将其看作雌性（女性）。

元代凤鸟的造型没有龙的造型丰富，最常见的就是翔凤，或称作"飞凤"，以展翅奋飞的凤凰构成图纹，振翅收腿，尾羽舒展，表示凤在空中翱翔，如美国克利夫兰艺术博物馆收藏的摩羯鱼凤纹织金锦（图 55）和中国丝绸博物馆收藏的织金锦凤纹袍服（图 56）。翔凤的组合有时是单凤，有时是双凤，有时是多种动物。团凤与团龙一样，是圆形的图案。对凤，即两凤相对，如青绯罗绣对凤袄上就有此图案。宋元时期，从西到东开始流行凤鸟与花卉的组合，即凤鸟在花丛中穿插的图案，这种图案最后定型为凤

① 张揖.广雅.上海：商务印书馆，1931：137.
② 中国社会科学院语言研究所词典编辑室.现代汉语词典.7版.北京：商务印书馆，2016：855.
③ 吴山.中国工艺美术大辞典.南京：江苏美术出版社，1999：983.
④ 转引自：吴山.中国工艺美术大辞典.南京：江苏美术出版社，1999：983.

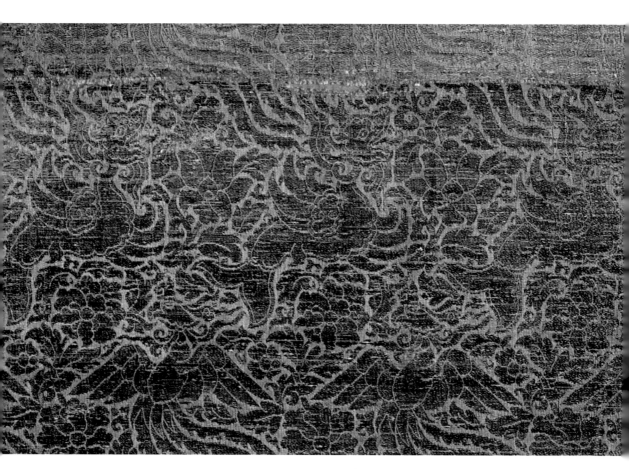

▲ 图 55　摩羯鱼凤纹织金锦
元代

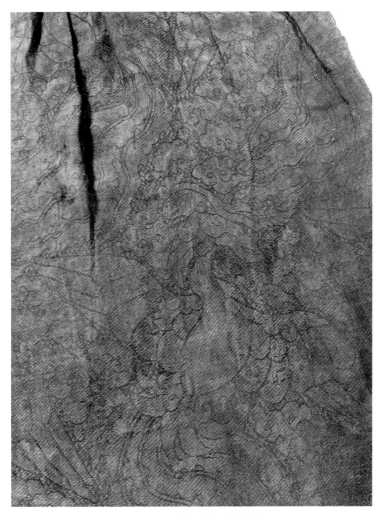

▲ 图 56　织金锦凤纹袍服（局部）
元代

穿牡丹，可能是因为凤为百鸟之王、牡丹为花中之王，两者结合，象征安宁吉祥，富贵兴旺。元代甘肃漳县汪世显家族墓中出土了一件女夹衣，其中的图案正是凤穿牡丹。同类图案还在江苏苏州吴张士诚母曹氏墓中发现，说明这一图案在元代的流行。河北隆化鸽子洞元代窖藏出土的褐地鸾凤串枝牡丹莲纹锦被面（图57），从被头开始共分三段，其中一、二两段图案一致，均为凤穿牡丹纹。美国大都会艺术博物馆收藏的牡丹莲花凤纹特结锦（图58）中的牡丹，类似于许多服饰中的穿孔小玉雕牡丹。据《金史》记载，契丹老年妇女以皂纱笼髻如巾状，缀玉钿于上，称为"玉逍遥"。这种牡丹在被女真人应用到于阗玉的同时也开始出现在丝织品上，且流行至元代。龙与凤配合成对龙对凤纹（图59），则为"龙凤呈祥"，或"龙凤献瑞"。龙为鳞虫之长，凤为百鸟之王，民间传说龙凤能知天下治乱兴衰，龙凤出，则天下平，大吉大祥。

元代龙凤的地位得以明确："蒙古人并不在禁限，及见当怯薛诸色人等亦不在禁限，惟不许服龙凤文。"[1]龙凤身份的特殊成为时代流行的装饰题材，民间更是欲禁不止，虽然龙凤并提，但是不同于龙，凤更多地和诗文爱情相联系，古代"吹箫引凤""凤凰于飞""有凤来仪"等说法让我们知道，这种理想的灵禽，被人民和当时贵族统治者当成吉祥幸福的象征。古时妇女的发髻上，已经开始使用凤凰，可知凤凰既代表祯祥，又开始和男女爱情有了一定的联系。换句话说，凤更接近民间，普通百姓丰富了凤的形象和内容，赋予了凤以幸福和希望的寓意。凤凰在民间织物中，被赋予了无限丰富的艺术形象。而且俗话说"凤凰涅槃"，凤凰死后还会重生。这或许意味着，深入民间的东西，总是能历久弥新，得到不朽和永生。

---

① 通制条格.黄时鉴,点校.杭州:浙江古籍出版社,1986:134.

▲ 图 57　褐地鸾凤串枝牡丹莲纹锦被面（局部）
元代，河北隆化鸽子洞元代窖藏出土

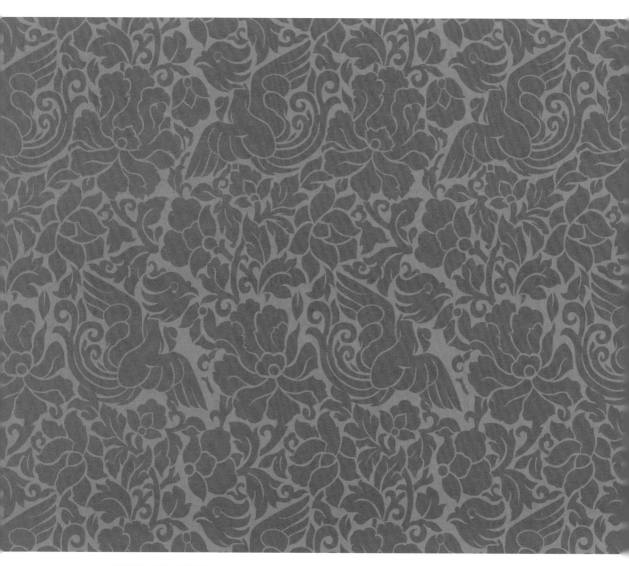

▲图58　牡丹莲花凤纹特结锦纹样复原
元代

▲ 图 59　对龙对凤纹两色绫
元代

4. 吉祥图案

吉祥图案是指以含蓄、谐音等曲折的手法，组成具有一定吉利寓意的装饰纹样。它的起始可上溯到商周，至宋元逐渐发展，明清为盛期，达到了"图必有意，意必吉祥"的地步。吉祥图案的形式主要有三种：以名称谐音表达，以图案形象表示，用附加文字说明。[1]元代吉祥图案的数量已很多，上文的凤穿牡丹、龙凤呈祥其实也属于吉祥图案范畴。最典型的实物来自山东邹城李裕庵夫妇合葬墓。出自该墓的梅鹊方补菱纹绸短袖男夹袍，交领、右衽，以菱格为地，主题纹样织在前胸和后背，表现的是嬉戏于梅花枝头的喜鹊（图 60）。该纹样中，一株枝干弯曲的梅树上，梅花盛开，上下共有两对喜鹊栖在树上，正是后世常见的"喜上眉梢"吉祥纹样。

（1）珍禽与瑞兽

"二足而羽谓之禽"，禽为鸟类的总称。以禽鸟为装饰的习俗在金元时期即有。山东邹城李裕庵夫妇合葬墓出土的梅鹊方补菱纹绸短袖男夹袍中的喜鹊，是一种长尾飞禽，多栖于树枝，善鸣，因名字中带有一个"喜"字，被视作吉祥之鸟。喜鹊纹样在宋代之后较为流行，有大量实物传世。表现形式也有多种，如喜鹊立于梅花枝头，谓"喜上眉梢"；若两只喜鹊相对，就叫"双喜临门"。中国人对"喜"字有着非同寻常的感情，所以喜鹊也就成了织品

---

[1] 吴山.中国工艺美术大辞典.南京：江苏美术出版社，1999：979.

▲ 图 60　梅鹊方补菱纹绸短袖男夹袍"喜上眉梢"纹样复原
元代，原件山东邹城李裕庵夫妇合葬墓出土

上的宠儿。一件私人收藏的压金彩绣松鹤鹿纹枕套，两边枕顶纹样的主题为仙鹤、鹿、松树及花卉，形象生动，寓意长寿吉祥。鹤鹿同春纹也出现在湖南华容元墓出土的罗地刺绣鹤鹿同春纹荷包（图61）中。该荷包为长方形，以四经绞罗为地，用丝线绣出两面图案：一面为天上飘着云朵，有一只飞翔的仙鹤，一株松树下站着一位长者，侧旁一只鹿向他迎面奔来，地上牡丹盛放，湖中开满了莲花，莲叶上有一只龟，是一幅松鹤延年、鹤鹿同春的画面，十分生动；另一面为天上云彩蝴蝶飞，松树下花丛中，两只奔兔在追逐戏耍。鹤在古代被尊为羽族之长，有"一品鸟"之称，是历代织绣中运用较多的鸟纹之一。在中国人看来，"鹤寿千岁，以极其游"，故鹤属吉祥长寿之物，千年仙鹤与常青松柏的组合，取作"松鹤延年"，隐喻延年益寿。内蒙古达茂旗大苏吉乡明水墓出土的缠枝飞鹤菊花纹花绫上的纹样（图62）的寓意也是如此。江苏苏州吴张士诚母曹氏墓出土的彩绘罗地翟鸟纹蔽膝（图63），其上的翟鸟是皇后或特别高贵的女性的象征，这与曹氏的身份一致。此外，流传至今，象征夫妻恩爱的鸳鸯（图64）、有文禽之美誉的孔雀等都能在元代丝织品上寻到踪迹。

吉祥纹样中的兽类包括古代想象中的瑞兽，如麒麟，在一件私人收藏的罗地销金飞凤麒麟纹胸背中，共有若干件织物残片留下来，大多是这件销金胸背的地部，为四季花图案。胸部留有一方形图案（图65），其中左上角为一飞凤纹样，中间偏右是一蹲着的独角麒麟。古人认为，麒麟出没处，必有祥瑞。有时人们用麒麟来比喻才能杰出、德才兼备的人，孔子就与麒麟密切相关。独角麒麟或许即后世的獬豸，它的特点是能辨是非曲直、能识善

▲图61　罗地刺绣鹤鹿同春纹荷包
元代，湖南华容元墓出土

◀ 图 62　缠枝飞鹤菊花纹花绫
纹样复原
元代，原件内蒙古达茂旗大苏
吉乡明水墓出土

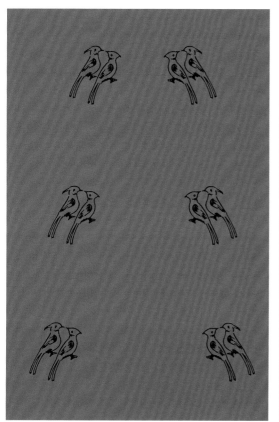

▲ 图 63　彩绘罗地翟鸟纹蔽膝纹样复原
元代，原件江苏苏州吴张士诚母曹氏墓出土

▲ 图 64　鸳鸯纹织金绫纹样复原
元代，原件韩国文殊寺金铜阿弥陀佛腹中发现

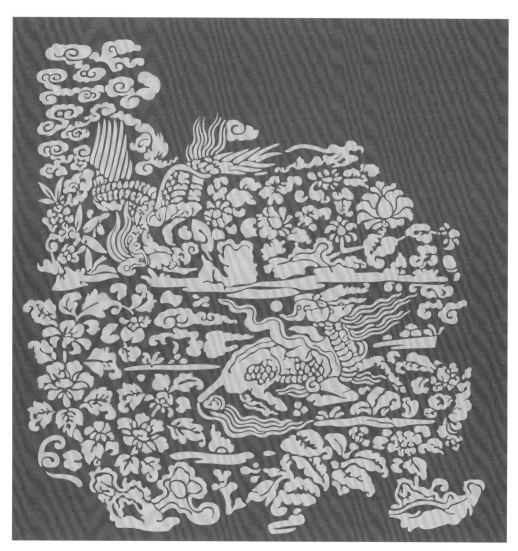

▲ 图 65　罗地销金飞凤麒麟纹胸背纹样复原（局部）
元代

恶忠奸，故成为司法"正大光明"的象征。而"猴"因为与"侯"同音，成为象征升迁的吉祥物。江苏无锡钱裕墓出土的猴戏加绣妆金罗花边裙就是一例。

（2）花卉与花鸟

花卉纹样是吉祥图案的主要素材，元代丝绸的花卉图案已相当丰富，有牡丹、莲花、梅花、菊花、卷草、海石榴花、宝相花等，有时还穿插点缀蜂蝶。"花"字在商代甲骨文中作"华"，表现了盛开的花形和枝叶葱茂之状。早在仰韶文化时期人类就创造了彩陶花瓣纹盆，可见花卉纹历史之久。汉代许慎《说文解字》称："卉，草之总名也。"姹紫嫣红、绚丽多彩的四季花卉一直是人类的审美对象。从考古发掘资料来看，中国人栽培花卉大约始于新石器时代。到了商周时期，花卉的品种也不断增加，仅《诗经》三百多篇中所述及的花卉的名称，就达上百种之多，出了不少类似"桃之夭夭，灼灼其华"的名句。商周之后，赏花成了人们生活中的一大乐趣。古人赏花，并不局限于对花卉姿、色、香、韵的欣赏，而是借助于花卉的自然形态，联系到人间的精神、伦理、道德风范，从花品联想到人品，从而发掘出深刻的哲理、高尚的情感。

牡丹是中国特有的花卉，有"花中之王"的美称。"落尽残红始吐芳，佳名唤作百花王"即诵此。在唐代洛阳城内，每当牡丹盛开之际，远近人士云集而至，如痴如醉。刘禹锡《赏牡丹》中，"庭前芍药妖无格，池上芙蕖净少情。唯有牡丹真国色，花开时节动京城"，将牡丹放到了极高的位置。辽宁省博物馆收藏的缂

▲ 图 66　缂丝牡丹团扇
元代

丝牡丹团扇（图66）属传世品。在绛色地上，用彩色线齐绛和抢绛牡丹的红花绿叶，花瓣的轮廓和叶脉、枝干用金银线构绛，使红花绿叶相托，更显富丽堂皇。而江苏无锡钱裕墓出土的缠枝牡丹纹暗花缎（见图8），花卉多瓣，花型较小，尤其是牡丹纹样不如明代牡丹之富贵大方，牡丹叶上还填有花卉，正如一些南宋织物纹样叶中填花、花中有叶的风格，说明在元初的江南，织造艺术在很大程度上还是继承南宋的风格。元代牡丹也有和山石结合的情况，但有别于传统的池塘花园小景，这种山石直接是从海水中冒出的，牡丹花丛中还穿插佛教和道教的杂宝，包括银锭、书册、犀角、方胜等（图67）。

▲ 图67　牡丹山石杂宝纹刺绣
元代

汉乐府《江南》唱道："江南可采莲，莲叶何田田。鱼戏莲叶间，鱼戏莲叶东，鱼戏莲叶西，鱼戏莲叶南，鱼戏莲叶北。"荷花古称"芙蓉""芙蕖"，又称"莲花"，在中国文化中的寓意十分丰富。周敦颐的《爱莲说》为莲花赢得了出淤泥而不染的"君子之花"的美誉，使其被视作纯洁清净的象征。在民俗文化中，莲花、莲子，寓意连生贵子。与荷花相关的吉祥图案有鸳鸯戏莲等。鸳鸯是恩爱的象征，古人称之为匹鸟，雌雄形影不离，总是成双成对出现，配上朵朵荷叶，浮游在水中，顾盼嬉戏。民间亦有"只羡鸳鸯不羡仙"的谚语。不过莲花在元代时，有一种特殊的纹样，就是紫汤荷花（详见前文"春水秋山"的内容）。

在严寒中，梅开百花之先，独天下而春。唐诗《早梅》中写道："万木冻欲折，孤根暖独回。前村深雪里，昨夜一枝开。"梅花以其高洁、坚强、谦虚的品格，给人以立志奋发的激励，与松、竹并称为"岁寒三友"。但元代纺织品上还未出现这样的组合纹样，有着折枝梅花纹样的织物倒是有出土。不过梅花枝头立一喜鹊，唤作"喜上眉梢"，这种喜气洋洋的吉祥图案已露端倪。

唐代流行的卷草纹样，元代仍能觅得踪迹。元代人常把多种花卉组合到一幅丝绸图案中，如甘肃敦煌莫高窟出土的柿蒂窠花卉纹刺绣（图68），这件绣品的原件应该很大，织物最中间是深蓝地上钉金绣成的柿蒂窠花卉纹，内置一朵完整的莲花。柿蒂窠外四角绣有四季花卉，分别为杏花、莲花、菊花和梅花，这四种花卉的组合被称为"四季花""一年景"。这类四季花卉纹样在明代依然流行。

自8世纪开始，花卉题材便常与禽鸟组合成花鸟图案。入元

▲ 图 68　柿蒂窠花卉纹刺绣
元代，甘肃敦煌莫高窟出土

◀图 69 黄地方搭花鸟妆花罗
元代，内蒙古达茂旗大苏吉乡明水墓出土

以后，这种情况似乎更加突出，花鸟的组合比例增大，常见的组合包括凤穿牡丹、鹊栖梅枝、荷花鸳鸯等。唐中期以来，蜜蜂、蝴蝶常与花卉题材组合。到了元代，这种形式得到了发展，如刺绣蝶恋花。尤其是当时的民间刺绣，十分注重图案的吉祥寓意，每一种花卉都有花语。这种寓意固然是前代就有的，但蝶恋花的吉祥寓意在元代文献中被明确，表示其寓意的寄托已经更加明确，到了明清更是吉祥之门大开。细数元代的花鸟题材，囊括了各种织物类型，比如 1978 年内蒙古达茂旗大苏吉乡明水墓出土的黄地方搭花鸟妆花罗（图 69）、私人收藏的缠枝花鸟纹绫印金镶边袄、美国大都会艺术博物馆收藏的缂丝花卉鸟纹等。与花卉的配合不仅仅有禽鸟，还有婴孩。河北隆化鸽子洞元代窖藏出土的湖色绫地彩绣婴戏莲纹腰带（图 70）中，婴孩站在荷叶或莲蓬上，形象可爱，借喻表达多子多孙、"连生贵子"的美好愿望。使用此类婴戏题材是一种托物兴意的方法，在后世依然流行。

▲图 70　湖色绫地彩绣婴戏莲纹腰带
元代，河北隆化鸽子洞元代窖藏出土

（3）杂宝与文字

　　杂宝纹是元代装饰纹样中具有时代特征的纹样之一。杂宝纹样在宋元时期出现，主要就是一些器物图形，这些器物带有一定的含义，这种含义来源于民间传说和宗教习惯。杂宝的特点就是"杂"，杂即意味着宝物种类繁多，但不一定有固定组合。故八宝、八吉祥，甚至是暗八仙在当时都可以归入杂宝纹样之列。八宝纹样常见的有：一为和合，二为鼓板，三为龙门，四为玉鱼，五为仙鹤，六为灵芝，七为磬，八为松。但也有用其他物件作为纹饰者，元代应用较多的是在磬、珠、鼓板、祥云、方胜、犀角、书、画、灵芝、元宝、金锭、银锭等之中选八种凑成。八宝在元代十分流行，不仅文献中时时提到，而且实物也在山东邹城李裕庵夫妇合葬墓、江苏苏州吴张士诚母曹氏墓和重庆明玉珍墓中多有发现。但是八宝形象琐碎，构图杂乱，并不美观。元人喜爱八宝，可能还是看重题材本身的吉祥含义。[①] 八吉祥指的是法轮、法螺、宝伞、白盖、莲花、宝瓶、金鱼、盘长等八种藏传佛教中的吉祥物，简称轮、螺、伞、盖、花、瓶、鱼、长。至于暗八仙，则是一种由八仙纹派生而来的宗教纹样，此种纹样中并不出现人物，而是以道教中八仙各自的所持之物代表各位神仙。以扇子代表汉钟离，以宝剑代表吕洞宾，以葫芦和拐杖代表铁拐李，以笏板代表曹国舅，以花篮代表蓝采和，以渔鼓（或道情筒和拂尘）代表张果老，以笛子代表韩湘子，以荷花代表何仙姑。上述八宝、八吉祥、暗八仙均在元代纺织品中有出现，甚至是"混搭"应用，故统称杂宝。

元代杂宝纹在选材上已有组合的考虑，相比宋代更加成熟。比如江苏苏州吴张士诚母曹氏墓出土的杂宝云纹缎（图71）上，以云纹和杂宝相结合，如意云头和犀角、金锭、珊瑚、书卷、火珠等穿插在一起。同墓出土的菱格卍字八宝纹绫上有双鱼、莲花、海螺、火轮四种，由此，我们可以看出八宝之间形成了固定搭配。元代杂宝纹在排列上都与云气一起杂处，前面提到的云龙八吉祥纹缎还算是比较中规中矩的，出土于山东邹城李裕庵夫妇合葬墓的香黄色如意流云杂宝暗花绸和杂宝云纹缎夹帽上的杂宝更显得杂乱，如意云头和云气、方胜、犀角、法轮等交错在一起，极难分离。另有一些杂宝云纹甚至将杂宝嵌于云气之中，如江苏苏州吴张士诚母曹氏墓出土的杂宝云纹绣；或是将杂宝与小朵云相间，如河北隆化鸽子洞元代窖藏出土的浅褐色朵云杂宝纹缎。杂宝变

① 赵丰.中国丝绸通史.苏州：苏州大学出版社，2005：379.

▲图71　杂宝云纹缎（局部）
元代，江苏苏州吴张士诚母曹氏墓出土

化丰富，可能是元代杂宝纹样的一个特点。① 元代织物的杂宝纹明确了藏传佛教对其的影响。尤其是八吉祥出现于元代，这应当与那时奉藏传佛教为国教的背景有关。②

元代以文字装饰织物的风气很盛。文字出现在织物上的历史非常悠久，汉代的云气动物纹锦中常常穿插铭文，形成了汉代织锦的一大特色。中国的汉字是世界上最古老的文字之一，也是使用人数最多的一种文字。李泽厚先生将中国的汉字喻作"线的艺术"，认为汉字是中国独有的艺术部类和审美对象。一个字表现的不只是一个或一种现象，还经常是一类事实或过程，也包括主观的意味、要求和期望。汉字常以净化了的线条美，表现和表达种种形体姿势、情感意兴和气势力量。③ 应用在织物上的最常见的汉字就是"寿""喜""福"等。寿字是常用的吉祥文字，变化丰富，以团寿为常用，有"寿字百变"之说。美国大都会艺术博物馆收藏的团寿云纹缎（图72），据记载是在埃及发现的。缎面上，团寿周围是如意云纹，带有一条尖尾。纹样二二错排，形成四方连续。元代多元文化的背景下，也出现了多种文字，除汉字外，元代丝绸上的文字装饰还有波斯文、阿拉伯文以及一类特殊的文字，即所谓的"西天字"，当是梵文或藏文等。如一件织金缎所饰六字真言（图73），据说是佛教秘密莲花部之根本真言，若信徒反复诵读，可积功德。

---

① 赵丰.中国丝绸艺术史.北京：文物出版社，2005：176.
② 赵丰.中国丝绸通史.苏州：苏州大学出版社，2005：379.
③ 李泽厚.美的历程.北京：生活·读书·新知三联书店，2009：41-42.

▲ 图 72　团寿云纹缎纹样复原
元代

◀图 73 六字真言织金缎
元代

（4）其他纹样

织物纹样不是一个简单的物质化的图示，它是关于一段历史，一个（或几个）民族特有的记忆，一种可以阐释历史和民族文化的特殊语言。鉴于元代多元文化的背景，总有一些纹样的风格比较模糊。比如有一类纹样，是以大场面的形式出现的，有很多种动物和花卉集合在一起。如英国罗西画廊收藏的纳石失靴套，由纳石失制成，纹样却具有浓厚的中原特色，一个循环内有三行纹样：第一行是一只飞鸟和一只似鸽子的立鸟，两者之间是一朵牡丹；第二行是一只后望的野兔和一条前行的狗，两者之间是一朵莲花；第三行则是两只飞鸟，一只如鸾，另一只似雁，雁后是一朵牡丹花蕾（图74）。这种纹样在元代织锦中极为罕见，但在同时期缂丝和刺绣作品中却较为常见。[1] 又如美国大都会艺术博物馆收藏的动物花鸟纹刺绣，十分精美，在白色平纹地上以平针绣出了众多纹样，从四个角上长出的是四朵牡丹，其中一朵一直伸展到画面的中心，然后有凤鸟、绶带鸟、雁和鹦鹉各自对应在花上飞翔。在四花之中，又有兔子、斑马、立鹿和卧鹿穿插其中（见图28）。[2] 这类纹样不多，我们将其归入吉祥纹样的范畴。

---

[1]　Zhao, F. *Style from the Steppes, Silk Costumes and Textiles from the Liao and Yuan Periods*. London: Anna Maria Rossi and Fabio Rossi, 2004：61-62.
[2]　Watt, J. C. Y. & Wardwell, A. E. *When Silk Was Gold*. New York: The Metropolitan Museum of Art, 1997：172-175.

▲ 图 74　纳石失靴套上的动物花鸟纹样复原
元代

（二）元代丝织品的纹样布局

1. 散搭子

元代《通制条格·衣服》中记载："职官除龙凤文外，壹品贰品服浑金花，叁品服金答子……（命妇）衣服，壹品至叁品服浑金，肆品伍品服金答子，陆品以下惟服销金并金纱答子。"[①]《元史·舆服志》中"百官公服"条云："一品紫，大独科花，径五寸。二品小独科花，径三寸。三品散答花，径二寸，无枝叶。四品、五品小杂花，径一寸五分。六品、七品绯罗小杂花，径一寸。八品、九品绿罗，无文。"[②] 这里提到的金答子（即金搭子）或散答花（即散搭花），应该是一种金元时期较为常见的丝绸图案类型，是指一块块面积较小、形状自由、呈散点式排列的纹样。

宋元时以搭为正，作块、处解。如《水浒传》中有载："晁盖把灯照那人脸时，紫黑阔脸，鬓边一搭朱砂记，上面生一片黑黄毛。"这里的"搭"就是"块"的意思。"搭"与"答"同音近形相通，"搭子"有时也被写成"答子"。作为丝绸图案，搭子与从唐代流行至元代的团窠图案有所区别，主要在于：一是外形不一定是圆形；二是面积较小；三是经常用金，如织金、印金等；四是搭子中的纹样比较灵活自由；五是无宾花和地纹。[③] 联系出土实物，此类散搭子图案在元代确实十分流行。如内蒙古达茂旗大苏吉乡明水墓、内蒙古集宁路古城、甘肃漳县汪世显家族墓出

---

① 通制条格. 黄时鉴，点校. 杭州：浙江古籍出版社，1986：135.
② 宋濂，等. 元史. 北京：中华书局，1976：1939.
③ 赵丰. 中国丝绸艺术史. 北京：文物出版社，2005：163.

土的印金、织金织物，都有金搭子系列。这些墓主人的品位较高，与元代北方搭子图案使用的层次相符。有一件私人收藏的搭子纹样的织物（见图31），不仅印金，还加印朱砂，即在印金图案上勾勒图案的轮廓，使图案的主题更加醒目。也有不加金的搭子，如前文提到的内蒙古达茂旗大苏吉乡明水墓出土的黄地方搭花鸟妆花罗（见图69），纹样题材是一只立于花丛石山的长绶鸟，只用一种色彩，因此构图十分简明。花石小鸟之类的景色在辽代已多见于刺绣品，同类题材在私人收藏的元代织物中也有发现。当然，搭子图案也在民间流行，甚至远到日韩。诸多高丽时期的韩国佛腹中发现了金搭子织物，如韩国文殊寺金铜阿弥陀佛腹藏的鸳鸯纹织金绫、鸟纹织银绫等。

搭子的外形常见的有两种：一种是自由外形，如飞鸟、花卉等动植物纹样较多采用这种形式（如表1中的图a、b、c）；另一种是以方、圆、滴珠窠等几何纹样作为搭子外形（如表1中的图d、e、f），这种形式在元代更为常见，圆搭子多作散点排列，方搭子有时错排成田格形，各有变化。搭子纹样有对称或不对称的形式，一般来自中亚的纹样喜用对称形式，中国传统搭子纹样则常见不对称形式。

表1　搭子外形列举

自由外形	几何外形
 a. 韩国文殊寺金铜阿弥陀佛腹藏的鸳鸯纹织金绫纹样复原	 d. 私人收藏的穿枝花团花纹缎纹样复原
 b. 韩国文殊寺金铜阿弥陀佛腹藏的鸟纹织银绫纹样复原	 e. 内蒙古达茂旗大苏吉乡明水墓出土的黄地方搭花鸟妆花罗纹样复原
 c. 韩国文殊寺金铜阿弥陀佛腹藏的石榴纹妆金绫纱纹样复原	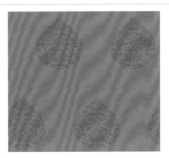 f. 美国克利夫兰艺术博物馆收藏的莲花纹妆金绢纹样复原

2. 锦地新窠

早在唐代，丝绸图案就经常采用团窠形式。团窠，又可写作"团科"，指的是一种圆形或圆形环内置主题纹样的相对独立的图案，也是一种常见的排列方式。"团"表示主题纹样适合范围的形状多为圆形，同类的还有"盘"字，也主要表示圆形。宋元时期，这种形式仍然流行。宋元史料中常见的狮团、雕团、盘象、盘球等，当属此类。传统的团窠式样一般有一个环，但到了唐以后，团窠环有了很多改变，外形更为灵活，除了常见的团窠以外，瓣窠、珠焰窠（滴珠窠）、方胜窠（柿蒂窠）、樗蒲窠、玛瑙窠纷纷出现，其中前三种更为常见。所谓瓣窠，形如带瓣的团花，故又称"团花窠"，常见的还有八入、十二入、十六入等。如甘肃漳县汪世显家族墓出土的黄地菱格宝相花织金锦上的团花是八瓣（图75），而内蒙古集宁路古城出土的对格力芬锦被上的瓣窠就是十六瓣。珠焰窠，在《南村辍耕录》卷23中有提到"紫珠焰"，亦可称作"滴珠窠"，带有西方瑞果纹的风味，甘肃敦煌莫高窟北区出土的花卉纹织金锦上的纹样就属滴珠窠。所谓方胜窠，又称"柿蒂窠"或"四出尖窠"，韩国文殊寺出土的龙纹纱上的窠形和一块私人收藏的柿蒂窠填花纹纬锦合欢裤面料（图76）上的纹样即为该类。樗蒲窠，形如梭身，两头尖，中间鼓。樗蒲是一种古代的赌博游戏，类似后世的掷骰子，博戏中用于掷采的骰子最初是用樗木制成的，故称"樗蒲"。按照文献记载，樗蒲纹锦在宋时已广泛流行，但未见实物。元代则有樗蒲窠折枝花的印花绢发现，但更广的流传在明清。至于玛瑙窠，亦可看作一种三入

▶ 图75　黄地菱格宝相花
织金锦纹样复原
元代

的瓣窠，《蜀锦谱》中有"玛瑙锦"的记载，宋代李诫《营造法式》
中有提到胡玛瑙窠（图 77），可能是同一形状。在一件私人收藏
的大型织金锦（图 78）上，可同时看到团窠、瓣窠、滴珠窠等窠形。

上述窠形喜与琐纹搭配，形成一主一宾、外密内疏的画面结
构，达到相互呼应、相互对称的效果（如表 2 所列举的窠形）。琐，
通"锁"，连环的意思，元代常用的琐纹在《营造法式》中多有
提到，其彩画作制度中将琐纹列为一个大类，曰琐纹有六品：一
曰琐子（联环琐、玛瑙琐、叠环之类同），二曰簟文（金锭、文
银锭、方环之类同），三曰罗地龟文（六出龟文、交脚龟文之类
同），四曰四出（六出之类同），五曰剑环，六曰曲水（或作"王"
字及"万"字，或作斗牛及钥匙头）。[①] 地纹除琐纹外，缠枝花
卉也是元代常用的纹样。在繁密规整的地上安置窠形纹样，就是
所谓的锦地开光图案。"开光"一说，可能源自陶器，此类方法
是传统陶瓷装饰的主要形式之一，其画面结构特点为在瓶、坛、
罐或枕等器物之腹部，先用一圆形、椭圆形、菱形、如意形或者
海棠形划分出一个开光框。画匠在开光区间内，安排主体的装饰
纹样；在开光的边框外，则填画密密麻麻、零零碎碎的边饰纹样。
其特点是图案性强，且严谨细致的地纹衬托主体开光的明快疏朗，
如此形成了主题纹样与地纹主次、疏密、虚实的对比变化，使整
个装饰显得较为活泼。元代织锦亦是如此。

---

① 李诫.营造法式.方木鱼，译注.重庆：重庆出版社，2018：296.

▶图 76 柿蒂窠填花纹纬锦合欢裤面料（局部）
元代

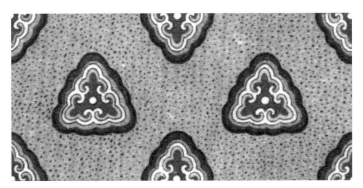

▲图 77 《营造法式》中的胡玛瑙窠图式
宋代

◀ 图 78　红地团窠对鸟盘龙织金锦
元代

表 2 窠形列举

团 窠	瓣 窠
 a. 英国斯宾克公司（Spink & Son Ltd.）收藏的对龙对凤两色绫纹样复原	 d. 甘肃漳县汪世显家族墓出土的黄地菱格宝相花织金锦纹样复原
 b. 中国丝绸博物馆收藏的团窠对格力芬粟特锦纹样复原	 e. 美国克利夫兰艺术博物馆收藏的龟背地团龙团凤纹特结锦纹样复原
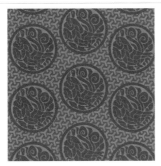 c. 中国丝绸博物馆收藏的纳石失姑姑冠冠披纹样复原	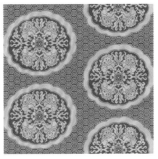 f. 中国丝绸博物馆收藏的龟背地瓣窠四狮戏球纹锦纹样复原

续表

珠焰窠	柿蒂窠
g. 甘肃敦煌莫高窟出土的琐纹地滴珠窠花卉纹织金锦纹样复原	j. 韩国文殊寺金铜阿弥陀佛腹藏的柿蒂窠龙纹纱纹样复原
h. 英国罗西画廊收藏的织金锦风帽纹样复原	k. 中国丝绸博物馆收藏的柿蒂窠卧鹿纹缂丝云肩纹样复原
i. 私人收藏的卷草地滴珠窠兔纹纳石失纹样复原	l. 甘肃敦煌莫高窟出土的柿蒂窠花卉纹刺绣纹样复原

3. 排列组合

每种纹样通常都有一个独立的单元，整个设计就是对所有单元的排列。如果一个图案仅由一个单元构成，那么它的布局自然相对简单。这些独立的单元，很大部分是上文提到的各类搭子和窠。需要明确的是，搭子和窠，不是两个完全无关的概念，所有的窠都可以作为搭子使用，但搭子面积较小，团窠等却可以很大，而且搭子排列组合时，是清地，也没有宾花，即没有二级纹样，只有一类单元纹样。而窠的外形有变，窠的排列组合也多变。

（1）搭子的排列组合

先来分析搭子的排列组合，所见多为二二错排。这可能是元代最受欢迎的散搭子设计方法。我们将其命名为 AA 类型，即一种单元纹样，前一排与后一排二二错开，进行错位排列，这种情况包括那些方向不同，甚至颜色不同，但纹样相同的搭子。通过错排，画面的变化感得以增强。此类排列方式包括表 3 中所示的几种。

表 3　搭子的常见排列组合

同一纹样二二错排	同一纹样左右反向二二错排	同一纹样上下反向二二错排

（2）窠的排列组合

窠的排列组合就丰富了。将窠中的纹样作为主题纹样，一种主题以 A 表示，两种则以 A、B 分别表示；同理，窠外的作为二级纹样，或者称宾花，一种以 a 表示，两种则以 a、b 分别表示；一般来说，除去地纹，主、宾均不会超过两种。根据主、宾纹样的不同，可以有以下排列组合。

1）二二正排

主题纹样按照经向和纬向严格排列，称为"二二正排"。在正排中，主题纹样可以是一种，也可以是两种，或是类型相同但方向相反的单元。一般情况下，宾花会被安排在主题纹样之间的空隙中。二二正排的组合有以下两种。① Aa 型：一种主题纹样二二正排，二级纹样穿插其中，如中国丝绸博物馆收藏的团窠对格力芬粟特锦（图 79）。

◀ 图 79　团窠对格力芬粟特锦
元代

② Aab 型：一种不同的主题纹样（或同一种主题纹样但不同方向）进行二二正排，两种不同的二级纹样穿插其中，如同样收藏于中国丝绸博物馆的对鸟纹粟特锦（图 80）。一般来说，二级纹样比主题纹样小。

2）二二错排

二二错排在搭子的排列组合中已有过描述，只是窠的二二错排一般都以琐纹为底纹，如 Y 形琐纹、龟背地琐纹、菱格地琐纹等，甚至卷草纹。一般来说，这种排列组合方式比二二正排更流行，也更活泼，少单调之气。

（3）骨架式排列组合

以几何形为基础构成的四方连续图案，大多数时候在各类骨架中填入适合纹样，根据骨架形状的不同，包括龟背骨架、菱形骨架、对波骨架等。龟背骨架以六边形作为骨架，因形似龟背纹理而得名，在唐代已经流行，而在宋代似乎达到极盛，元代依然流行，所见较多，如河北隆化鸽子洞元代窖藏出土的龟背朵花纹绸（图 81）、江苏苏州吴张士诚母曹氏墓出土的龟背梅花卍字纹花绫等。龟背之中填入朵花、梅花、卍字等。菱形骨架也可称为"规矩骨架"，骨架可由线条构成，再在骨架内填入其他图案，如中国丝绸博物馆收藏的卍字菱格小花纹绮（图 82）。以藤蔓、水波等组成波状曲线，镜像后构成的骨架称为"对波骨架"。此类骨架流行于北朝至初唐，唐晚期依然使用，元代所见不多，甘肃敦煌莫高窟出土的卧鹿纹织金锦（图 83）可算一例，其骨架由藤蔓组成，相交处套结。其内填入卧鹿纹，鹿口衔灵芝，作回首状。

▲图 80　对鸟纹粟特锦纹样复原

元代

▶ 图 81　龟背朵花纹绸（局部）
元代，河北隆化鸽子洞元代窖藏出土

▶ 图 82　卍字菱格小花纹绮纹样复原
元代

鹿一行向左，一行向右，交替排列。收藏于中国丝绸博物馆的瓣窠花卉纹织金锦（图84），似以对波纹为骨架，内填程式化花卉纹。而一块私人收藏的纳石失明显以水波纹构成基本骨架，内布鳞片状波纹。①

（4）队列式排列组合

此类纹样组合，一般无明显骨架，主题纹样排列成对称式或者朝一个方向行走的队列。大量的肩襕图案（见图45），规整变形，上下左右，处处对称，高度程式化，可归于这一类的组合。此外，如内蒙古达茂旗大苏吉乡明水墓出土的对雕纹织金锦风帽（见图37），采用的就是成排对称的、对雕面对面排列的纹样。中国丝绸博物馆收藏的纳石失靴套上的纹样（见图74）也是用了此类排列方式，一个循环内有三行纹样呈队列式排列。

（5）缠枝式排列

以植物波状的卷草为单元作二方连续或四方连续展开，形成波卷缠绵的基本样式，又或以花果、叶、鸟作为主题纹样穿插其间形成枝茎缠绕、花繁叶茂的缠枝花卉纹或缠枝花鸟纹②，多见于各类缠枝花卉纹，尤其是各类牡丹纹。如甘肃敦煌莫高窟出土的菱格缠枝牡丹纹织金锦上的纹样（图85）、刺绣荷包上的缠枝花卉纹。河北隆化鸽子洞元代窖藏出土的鸾凤缠枝牡丹莲纹锦，

① 赵丰，金琳.黄金·丝绸·青花瓷——马可·波罗时代的时尚艺术.香港：艺纱堂／服饰出版，2005.
② 赵丰.敦煌丝绸与丝绸之路.北京：中华书局，2009：115.

▲图85　菱格缠枝牡丹纹织金锦纹样复原
元代，原件甘肃敦煌莫高窟出土

▲ 图 86　缠枝牡丹纹锦纹样复原
元代，原件俄罗斯北高加索地区出土

以及俄罗斯北高加索地区出土的缠枝牡丹纹锦（图 86），其牡丹形象与 10—12 世纪伊朗和我国湖南出土的牡丹纹织物上的牡丹比较相似，花和叶都采用了写实的形式。

（6）自由式排列组合

所谓自由式，即不遵循上述布局的图案排列形式，纹样更自由、奔放。多见于刺绣纹样，如前文提到的美国大都会艺术博物馆收藏的动物花鸟纹刺绣（见图 28），长宽均约为 37 厘米，整个画面虽穿插了诸多动物和花卉，但整体自由、和谐。内蒙古集宁路古城出土的紫地罗花鸟纹刺绣夹衫上的满池娇纹样（见图 27）也属此类。而辽宁省博物馆收藏的元代《仪凤图》（图 87），采用的是织成技艺，是罕见的巨幅织成珍品。织成是按实际用途、规格和要求设计、织造的织物成品或半成品，以它制作衣物或作他用，不用尺量，仅需裁剪和缝缀。该作品原色缎面地，金彩纬丝通梭织百鸟和玉兰。状如手卷画，凤凰和百鸟随处展飞，一羽一毛都栩栩如生，其中又以凤凰的体型为最大，尤显富丽典雅，造型华丽，显示了百鸟朝凤的主题。这种题材其实与"伦叙图"十分相似，或可看作伦叙图的另一种形式。所谓"伦叙图"，又可称为"五伦图"，是以凤凰、仙鹤、鸳鸯、鹡鸰、黄莺分别代表君臣、父子、夫妇、兄弟、朋友之道的以伦理为主题的吉祥图。这幅名贵的巨制，经历代递藏，保存完好。此外，缂丝（见图 26）也常采用自由构图。而最早出现在元代服饰上的方补等单独纹样亦多见此类情况，如图 88 的鹿纹方补。

▲ 图 87 织成《仪凤图》
元代

▲ 图 88　鹿纹方补
元代

（三）元代丝织品的色彩寓意

工艺美术行当有句老话，"远看颜色，近看花"，也就是说，就大效果而言，颜色比纹样更重要。丝绸用色除单纯的审美因素以外，还有复杂的文化背景在丝绸中的物质体现。^①不同时期的统治阶级对丝绸颜色的喜好各不相同，到了金元时期，尤其是元代，统治阶级对颜色的重视超过了其他任何年代。蒙古族曾长期生活在草原上，常年所见的是蓝天、白云、绿草、冰雪，以及金光四射的太阳，所以，他们尚蓝、白、红、绿、褐和金色。

虽然元代的丝绸用色十分丰富，但白色在元代最为风靡天下。帝王的旌旗、仪仗、帷幕、衣物常为白色。《元史·舆服志》中记载了白纱、白罗、白绢、白绫、白绌丝等各种白色织物。连马可·波罗的游记中都记载了元人对白色的推崇：每逢新年，举国衣白，四方贡献白色的织物、马匹，人们互赠白色的礼物，以为祝福。^②白色的风靡与蒙古族的好尚直接有关，对此元人一语道明："国俗尚白，以白为吉。"事实上，不只是蒙古族，北方民族建立的王朝，多流行雪白之色。在元代，不仅服饰尚白，连陶瓷也以白色为贵。究其原因，应与北方少数民族多信奉萨满教有关，因为在萨满教中，白色是善的象征。事实上，倘若不算织金锦，元代的织物大多是一色纯素的。^③除了白色，官府使用的丝绸中，蓝色所占的比例很大。蓝色不但在衣物上，而且在书画的装裱锦

---

① 尚刚.元代工艺美术史.沈阳：辽宁教育出版社，1999：116.
② 马可波罗行纪.沙海昂，注.冯承钧，译.北京：中华书局，1955：356.
③ 尚刚.元代工艺美术史.沈阳：辽宁教育出版社，1999：116.

绫上也应用极多。蒙古族的尚蓝，在妇女服饰中表现得更加明确，对此，13 世纪中叶出使蒙古的法国教士曾有记述。《鲁不鲁乞东游记》中有记载："所有的妇女都跨骑马上，像男人一样。她们用一块天蓝色的绸料在腰部把她们的长袍束起来，用另一块绸料束着胸部，并用一块白色绸料扎在两眼下面，向下挂到胸部。"[①] 同白色一样，他们喜好蓝色，也与萨满教有关，萨满教尊天，因尊天而重天色，因重天色而尚蓝。除了蓝、白两色，褐色丝绸是元代官府作坊生产数量最多的产品，在各种颜色中，褐色是色相最丰富的一类，深浅浓淡，变异最多。《碎金》中记载的褐色多达 20 种，"金茶褐、秋茶褐、酱茶褐、沉香褐、鹰背褐、砖褐、豆青褐、葱白褐、枯竹褐、珠子褐、迎霜褐、藕丝褐、茶绿褐、葡萄褐、油栗褐、檀褐、荆褐、艾褐、银褐、驼褐"[②]，这个数目远多于其他色。关于部分褐色如何调配，陶宗仪的《南村辍耕录》中有细致的说明。其他如红色、绿色的丝绸都不少，唯黑色寥寥。可见元代统治阶级贱黑，根源还是在于萨满教，因尊白而厌黑，黑白相对。蒙古族至今认为，黑是不祥之色。但在民间，黑色丝绸数量较多，和庶人占了人口的绝大多数有关。除了注重色彩的寓意，元人关心的是单色织物本身色彩的艳丽和各单色织物之间的色彩搭配，这应该与当时尊贵又令人执迷追逐的"一色服"——质孙服有关。质孙服是当时最尊贵的一种服装，用于帝王的大宴，赴宴者都要穿同色的服装。[③] 综上所述，在元代，丝绸色彩丰富，寓意明显，蓝、白两色空前受宠。

---

① 道森. 出使蒙古记. 吕浦，译. 北京：中国社会科学出版社，1983：120.
② 转引自：尚刚. 元代工艺美术史. 沈阳：辽宁教育出版社，1999.
③ 赵丰，屈志仁. 中国丝绸艺术. 北京：外文出版社，2012：377.

　　元代堪称中国历史上的一个特殊时代，其特殊性可以从以下
两点看出。第一，元代是中国历史上第一个由游牧民族所创建并
统治全中国的王朝。过去游牧民族或以"草原国家"及"边境国家"
的身份与中原王朝争胜于边陲，或建立王朝，统治华北半壁河山
而与汉族王朝形成南北对峙，对中原制度文化仅有局部的影响。
蒙古人则建立了第一个兼统漠北、汉地的统一王朝。中国的文化，
包括丝绸艺术，遂失去了六朝及南宋时期在南方所享有的避风港，
受到了空前的冲击。第二，元政权是蒙古世界帝国的一部分：北
朝各政权及辽、金、清等政权虽皆为游牧民族所创建，中原却是
其统治的主要对象，而蒙古帝国则是雄跨欧亚两洲。尽管忽必烈
立国中原，却不能独重汉文化，因此汉文化必面对外来文化的冲
击和竞争，多元融合的文化现象的出现在所难免。元代，不仅有
汉文化与北方蒙古族文化的双向交流，同时还加入了伊斯兰文化、
欧洲基督教文化等多种文化，这种现象一直持续到 14 世纪。元
代实现了南北、东西及中西文化的融合。
　　蒙古统治者们在他们横跨欧亚大陆的地域内搜罗工匠，对他

们所接触的所有宗教给予庇护，丝绸就在这种多文化大交流的背景下继续发展。当时北方的传统丝绸产区由于连年战乱，破坏严重，日益变冷的天气也使得北方不适宜蚕桑的生长，丝绸生产日渐萎缩；南方地区一跃成为最重要的丝绸产区，政府集中了全国的优秀工匠，设置大量的官营丝绸作坊进行生产。我们毋宁说，中国文明在北方和南方呈现出了非常不同的形态，表现在丝织品上就是"南北异风"。这符合法国文学评论家丹纳在《艺术哲学》中曾经说过的话："作品的产生取决于时代精神和周围的风俗。"①从文物来看，北方的蒙古贵族尊享织金锦，体现了蒙古族的好尚和较明显的西域艺术影响，而当时淮河以南以汉族为主的地区还是延续了宋代的风格。与北方流行的金光闪闪的织金织物不同，南方的丝织品清秀雅致。在江苏出土的缠枝牡丹纹缎、缠枝海石榴花纹缎等，织物上的图案与北方流行的织金锦完全不同，以花卉为主，比较清秀。南北丝织品可以用"南秀北雄"来形容，将"等级性"和"地域性"表现得非常充分。南秀北雄的审美形态与地理环境、民族禀赋关系密切。北方大漠地域广袤，山川雄伟，面对恶劣的自然条件，当地的游牧民族自古养成了骁勇彪悍的气质。这就决定了他们的审美趣味必然是一种崇尚洒脱大气、豪放壮观、自然率真的风格。"南秀"未必胜于"北雄"，比较两者孰优孰劣意义不大。②但至少可以认为，有了元代北方民族突出的阳刚之气，中国丝绸史的气象才丰富而完整。我们有理由认为：

① 丹纳.艺术哲学.傅雷，译.南京：江苏凤凰文艺出版社，2018：27.
② 叶朗，潘立勇，等.中国美学通史（第5卷：宋金元卷）.南京：江苏人民出版社，2014：294.

元代丝绸的历史地位不容忽视，无论是生产规模、技术创新还是对外交流都达到了新的高度。明清时期，大量加金织物，如织金缎、妆金缎的织造和使用，是对元代织金锦的丰富和发展。以组织结构论，特结型在明清宋锦中得到了广泛应用，在现今复杂提花织物上，特结经也常常参与织物的构造，如彩色像景织物，就有专门的特结经来接结背面的纬浮长，起间丝作用。织金锦的纹样同样丰富了中国装饰文化的内容。而且，元代的很多丝绸纹样，如帝王专用的双角五爪龙纹、八宝纹、吉祥纹样和满池娇纹样等都对明清丝绸产生了重要影响。

简言之，文明因多元而交流，因交流而互鉴，因互鉴而发展。元代丝绸艺术正是文明互鉴的一个重要案例。在传播中实现交流，这亦是丝绸作为文化载体的意义所在。从中我们看到东西方之间的技艺、文化交流从来都是双向的，迁徙、贸易和传播，左右着工艺融合和文化走向，文化和艺术在交流的过程中实现了吐故纳新，生生不息。

Pelliot, P. Une ville musulmane dans la Chine du nord sous les Mongols. *Journal asiatique*, 1927(211): 261–279.

Von Folsach, K. & Bersted, A.–M. K. *Woven Treasures—Textiles from World of Islam*. Copenhagen: The David Collection, 1993.

Watt, J. C. Y. & Wardwell, A. E. *When Silk Was Gold*. New York: The Metropolitan Museum of Art, 1997.

Zhao, F. *Style from the Steppes, Silk Costumes and Textiles from the Liao and Yuan Periods*. London: Anna Maria Rossi and Fabio Rossi, 2004.

Zhao, F. *Evolution of Textiles along the Silk Road*. New York: The Metropolitan Museum of Art, 2004.

敖汉旗七家辽墓.内蒙古文物考古,1999（5）：46–66，104.

北京市文化局文物调查研究组.北京市双塔庆寿寺出土的丝棉织品及绣花.文物,1958（9）：29.

《北京文物精粹大系》编委会,北京市文物局.北京文物精粹大系·织绣卷.北京：北京出版社,2001.

班固.汉书.谢秉洪,注评.南京：凤凰出版社,2011.

陈衍.元诗纪事.上海：上海古籍出版社，1987.

陈元靓.事林广记（六）.北京：中华书局，1963.

陈韵如.公主的雅集——蒙元皇室与书画鉴藏文化特展.台北：台北故宫博物院，2016.

丹纳.艺术哲学.傅雷，译.南京：江苏凤凰文艺出版社，2018.

道森.出使蒙古记.吕浦，译.北京：中国社会科学出版社，1983.

杜佑.通典.杭州：浙江古籍出版社，2007.

尔雅.郭璞，注.王世伟，校点.上海：上海古籍出版社，2015.

甘肃省博物馆，漳县文化馆.甘肃漳县元代汪世显家族墓葬简报.文物，1982（2）：1-7.

高汉玉.中国历代染织绣图录.香港：商务印书馆香港分馆，1986.

高濂.遵生八笺.王大淳，点校.杭州：浙江古籍出版社，2017.

郭治中，李逸友.内蒙古黑城考古发掘纪要.文物，1987（7）：1-23.

黄能馥，陈娟娟.中国丝绸科技艺术七千年——历代织绣珍品研究.北京：中国纺织出
　　版社，2002.

吉迦夜，昙曜.杂宝藏经.广州：花城出版社，1998.

纪昀，等.影印文渊阁四库全书（第1202册）.北京：北京出版社，2012：658.

孔齐.至正直记.上海：上海古籍出版社，1987.

拉施特.史集（第一卷第二分册）.余大钧，周建奇，译.北京：商务印书馆，1983.

李诫.营造法式.方木鱼，译注.重庆：重庆出版社，2018.

李零.论中国的有翼神兽.中国学术，2001（1）：62-134.

李攸.宋朝事实.上海：商务印书馆，1935.

李泽厚.美的历程.北京：生活·读书·新知三联书店，2009.

李治安.元朝诸帝"飞放"围猎与昔宝赤、贵赤新论.历史研究，2018（6）：21-39.

林健.漳县元汪氏家族墓出土冠服新探//赵丰，尚刚.丝绸之路与元代艺术——国际学
　　术研讨会论文集.香港：艺纱堂/服饰出版，2005：183-189.

林莉娜，许文美.南薰殿历代帝后图像（下）.台北：台北故宫博物院，2021.

刘珂艳.元代织物中兔纹形象分析.装饰，2012（10）：125-126.

刘珂艳.元代织物中鹿纹研究.装饰，2014（3）：133-134.

刘珂艳.元代纺织品纹样研究.上海：东华大学，2015.

隆化县博物馆.河北隆化鸽子洞元代窖藏.文物，2004（5）：4-25.

马可波罗行纪.沙海昂，注.冯承钧，译.北京：中华书局，1954.

茅惠伟.辽金元时期织绣鹿纹研究.内蒙古大学艺术学院学报，2006（2）：52-58.

茅惠伟.蒙元织金锦之纳石失与金段子的比较研究.丝绸，2014（8）：45-50.

茅惠伟.中国古代丝绸设计素材图系·金元卷.杭州：浙江大学出版社，2018.

蒙古秘史（校勘本）.额尔登泰，乌云达赉，校勘.呼和浩特：内蒙古人民出版社，1980.

内蒙古博物馆，等.内蒙古兴安盟代钦塔拉辽墓出土丝绸服饰.文物，2002（4）：56.

内蒙古文物考古研究所，等.辽耶律羽之墓发掘简报.文物，1996（1）：29.

潘行荣.元集宁路故城出土的窖藏丝织物及其他.文物，1979（8）：32-35.

庞元英.文昌杂录.上海：商务印书馆，1936.

任平山.兔本生——兼谈西藏大昭寺、夏鲁寺和新疆石窟中的相关作品.敦煌研究，
    2012（2）：57-65.

山东邹县文物保管所.邹县元代李裕庵墓清理简报.文物，1978（4）：14-20.

尚刚.元代工艺美术史.沈阳：辽宁教育出版社，1999.

尚刚.大汗时代——元朝工艺美术的特质与风貌.新美术，2013（4）：64-71.

宋濂，等.元史.北京：中华书局，1976.

苏州市文物保管委员会，苏州博物馆.苏州吴张士诚母曹氏墓清理简报.考古，1965（6）：
    289-300.

孙立梅."春水"纹饰与辽金生态观念.遗产与保护研究，2018（10）：85-89.

陶宗仪.南村辍耕录.济南：齐鲁书社，2007.

通制条格.黄时鉴,点校.杭州:浙江古籍出版社,1986.

脱脱,等.金史.北京:中华书局,1975.

汪元量.增订湖山类稿.北京:中华书局,1984.

王炳华.盐湖古墓.文物,1973(10):28-36.

王亚蓉.中国刺绣.沈阳:万卷出版公司,2018.

吴山.中国工艺美术大辞典.南京:江苏美术出版社,1999.

无锡博物院.梁溪折桂——无锡博物院开放十周年特展.无锡:无锡博物院,2018.

无锡市博物馆.江苏无锡市元墓中出土一批文物.文物,1964(12):52-56.

吴自牧.梦粱录.杭州:浙江人民出版社,1980.

夏荷秀,赵丰.达茂旗大苏吉乡明水墓地出土的丝织品.内蒙古文物考古,1992(1-2):
　　　113-120.

解晋.永乐大典(第四册).北京:中华书局,1986.

新华字典.11版.北京:商务印书馆,2014.

熊梦祥.析津志辑佚.北京:北京古籍出版社,1983.

徐光冀.中国出土壁画全集(内蒙古卷).北京:科学出版社,2012.

徐坚.初学记.北京:中华书局,1962.

杨伯达.女真族"春水"、"秋山"玉考.故宫博物院院刊,1983(2):9-16,69.

扬之水."满池娇"源流——从鸽子洞元代窖藏的两件刺绣说起//赵丰,尚刚.丝绸之路与
　　　元代艺术——国际学术讨论会论文集.香港:艺纱堂/服饰出版,2005:128-129.

叶朗,潘立勇,等.中国美学通史(第5卷:宋金元卷).南京:江苏人民出版社,2014.

叶隆礼.契丹国志.贾敬颜,林荣贵,点校.上海:上海古籍出版社,1985.

叶子奇.草木子.北京:中华书局,1959.

余大钧.蒙古秘史.石家庄:河北人民出版社,2001.

虞集.道园学古录.上海:商务印书馆,1937.

俞希鲁.至顺镇江志.台北：华文书局，1968.

元典章.陈高华，等点校.天津：天津古籍出版社，2011.

袁宣萍.春水秋山.浙江工艺美术，2003（4）：54–56.

张润平.中国国家博物馆藏辽金元春水、秋山玉器初探.中国国家博物馆馆刊，2012（10）：
　　64–82.

张揖.广雅.上海：商务印书馆，1931.

赵丰.织绣珍品.香港：艺纱堂 / 服饰出版，1999.

赵丰.纺织品考古新发现.香港：艺纱堂 / 服饰出版，2002.

赵丰.辽代丝绸.香港：沐文堂美术出版社有限公司，2004.

赵丰.中国丝绸通史.苏州：苏州大学出版社，2005.

赵丰.中国丝绸艺术史.北京：文物出版社，2005.

赵丰.蒙元龙袍的类型及地位.文物，2006（8）：85–96.

赵丰.敦煌丝绸与丝绸之路.北京：中华书局，2009.

赵丰，屈志仁.中国丝绸艺术.北京：外文出版社，2012.

赵丰，金琳.黄金·丝绸·青花瓷——马可·波罗时代的时尚艺术.香港：艺纱堂 / 服饰
　　出版，2005.

赵丰，罗华庆.千缕百衲：敦煌莫高窟出土纺织品的保护与研究.香港：艺纱堂 / 服饰出
　　版，2014.

郑光.原本老乞大.北京：外语教学与研究出版社，2002.

中国社会科学院语言研究所词典编辑室.现代汉语词典.7 版.北京：商务印书馆，
　　2016：855.

《中国丝绸年鉴》编辑部.收藏展览.中国丝绸年鉴，2001（1）：340–341.

图序	图片名称	收藏地	来源
1	"香花供养"刺绣龙袱（局部）	首都博物馆	《北京文物精粹大系·织绣卷》
2	织金锦袍	内蒙古博物院	《中国丝绸艺术》
3	团窠戴王冠人面狮身锦（局部）	内蒙古博物院	《中国丝绸通史》
4	紫地罗花鸟纹刺绣夹衫	内蒙古博物院	《黄金·丝绸·青花瓷——马可·波罗时代的时尚艺术》
5	黄地菱格宝相花织金锦	甘肃省博物馆	《中国丝绸艺术》
6	白绫地彩绣鸟兽蝴蝶花卉枕顶	隆化民族博物馆	《纺织品考古新发现》
7	梅鹊方补菱纹绸短袖男夹袍	邹城市文物局	《中国丝绸科技艺术七千年——历代织绣珍品研究》
8	缠枝牡丹纹暗花缎（局部）	无锡博物院	《中国历代染织绣图录》
9	翟鸟纹蔽膝	苏州博物馆	《黄金·丝绸·青花瓷——马可·波罗时代的时尚艺术》
10	《元世祖皇后像》	台北故宫博物院	《南薰殿历代帝后图像（下）》
11	紫地卧鹿纹织金绢纹样复原	内蒙古博物院	本书作者团队绘制
12	摩羯纹织金绢棺壁贴（局部）	内蒙古博物院	《中国丝绸科技艺术七千年——历代织绣珍品研究》
13	缂丝紫汤荷花纹靴套	内蒙古博物院	《中国丝绸艺术》

图序	图片名称	收藏地	来源
14	缂丝曼陀罗唐卡	美国大都会艺术博物馆	《中国丝绸艺术》
15	刺绣唐卡《西方广目天王像》	中国历史博物馆	《中国丝绸科技艺术七千年——历代织绣珍品研究》
16	黄缎绣《妙法莲华经》第五卷书（局部）	首都博物馆	《北京文物精粹大系·织绣卷》
17	黄缎绣《妙法莲华经》第五卷书（局部）	首都博物馆	《北京文物精粹大系·织绣卷》
18	紫地罗花鸟纹刺绣夹衫刺绣纹样之一	内蒙古博物院	《黄金·丝绸·青花瓷——马可·波罗时代的时尚艺术展》
19	贴罗绣僧帽	首都博物馆	《北京文物精粹大系·织绣卷》
20	鲁绣山水人物凤鸟纹裙带及局部图	邹城市文物局	《中国丝绸艺术》
21	满池娇纹绣片	内蒙古博物院	*Evolution of Textiles along the Silk Road*
22	壁画中的春季捺钵场景（局部）	内蒙古巴林右旗辽庆东陵中室	《中国出土壁画全集（内蒙古卷）》
23	《元世祖出猎图》绢本设色画	台北故宫博物院	《公主的雅集——蒙元皇室与书画鉴藏文化特展》
24	春水玉带扣	无锡博物院	《梁溪折桂——无锡博物院开放十周年特展》
25	缂丝《莲塘鹅戏图》（局部）	首都博物馆	《北京文物精粹大系·织绣卷》
26	缂丝《莲塘双鸭图》	美国大都会艺术博物馆	美国大都会艺术博物馆官方网站
27	紫地罗花鸟纹刺绣夹衫上的满池娇纹	内蒙古博物院	《中国丝绸艺术》

续表

图序	图片名称	收藏地	来源
28	动物花鸟纹刺绣	美国大都会艺术博物馆	*When Silk Was Gold*
29	紫地罗花鸟纹刺绣夹衫上的刺绣鹿纹	内蒙古博物院	《黄金·丝绸·青花瓷——马可·波罗时代的时尚艺术》
30	海东青逐兔纹胸背	私人收藏	《黄金·丝绸·青花瓷——马可·波罗时代的时尚艺术》
31	印金描朱兔纹纱	私人收藏	《中国丝绸通史》
32	缂丝玉兔云肩残片	中国丝绸博物馆	《黄金·丝绸·青花瓷——马可·波罗时代的时尚艺术》
33	对鸟纹织金锦	中国丝绸博物馆	中国丝绸博物馆
34	黑地对鹦鹉纹织金锦（局部）	德国克雷费尔德纺织博物馆	《中国丝绸通史》
35	团窠对孔雀纹粟特锦残片	中国丝绸博物馆	中国丝绸博物馆
36	双头鸟织金锦	瑞士阿贝格基金会	《中国丝绸通史》
37	对雕纹织金锦风帽	内蒙古博物院	《黄金·丝绸·青花瓷——马可·波罗时代的时尚艺术》
38	团窠格力芬织金锦纹样复原	美国大都会艺术博物馆	本书作者团队绘制
39	团窠戴王冠对狮身人面织金锦纹样复原	内蒙古博物院	本书作者团队绘制
40	狮首纹风帽及局部图	私人收藏	《中国丝绸科技艺术七千年——历代织绣珍品研究》
41	翼狮格力芬织金锦（局部）	美国克利夫兰艺术博物馆	《中国丝绸通史》
42	Djeiran 纹妆金绫帽披（局部）	私人收藏	本书作者拍摄
43	棕叶纹织金绢	美国克利夫兰艺术博物馆	*When Silk Was Gold*
44	织金锦辫线袍	英国罗西画廊	《黄金·丝绸·青花瓷——马可·波罗时代的时尚艺术》

图序	图片名称	收藏地	来源
45	几何纹肩襴（局部）	英国罗西画廊	《黄金·丝绸·青花瓷——马可·波罗时代的时尚艺术》
46	菱格金锭卍字纹织金绢纹样复原	苏州博物馆	本书作者团队绘制
47	龟背地团花纹特结锦	中国丝绸博物馆	中国丝绸博物馆
48	琐纹地滴珠窠花卉纹织金锦纹样复原	敦煌研究院	本书作者团队绘制
49	卍字地双兔纹龙纹胸背日月双肩织金大袖袍及胸背上的纹样	私人收藏	本书作者拍摄，刘珂艳复原局部图
50	罗地龙纹刺绣衣边	苏州博物馆	《黄金·丝绸·青花瓷——马可·波罗时代的时尚艺术》
51	刺绣团龙（局部）	四川博物院	《中国丝绸通史》
52	柿蒂窠龙纹纱纹样复原	韩国修德寺槿域圣宝馆	本书作者团队绘制
53	云龙八吉祥暗花缎	无锡博物院	《中国历代染织绣图录》
54	罗地双盘凤纹绣方巾	美国大都会艺术博物馆	*When Silk Was Gold*
55	摩羯鱼凤纹织金锦	美国克利夫兰艺术博物馆	*When Silk Was Gold*
56	织金锦凤纹袍服（局部）	中国丝绸博物馆	本书作者拍摄
57	褐地鸾凤串枝牡丹莲纹锦被面（局部）	隆化民族博物馆	《纺织品考古新发现》
58	牡丹莲花凤纹特结锦纹样复原	美国大都会艺术博物馆	本书作者团队绘制
59	对龙对凤纹两色绫	英国斯宾克公司	《织绣珍品》
60	梅鹊方补菱纹绸短袖男夹袍"喜上眉梢"纹样复原	邹城市文物局	本书作者团队绘制
61	罗地刺绣鹤鹿同春纹荷包	湖南省博物馆	本书作者拍摄
62	缠枝飞鹤菊花纹花绫纹样复原	内蒙古博物院	本书作者团队绘制

续表

图序	图片名称	收藏地	来源
63	彩绘罗地翟鸟纹蔽膝纹样复原	苏州博物馆	本书作者团队绘制
64	鸳鸯纹织金绫纹样复原	韩国修德寺槿域圣宝馆	本书作者团队绘制
65	罗地销金飞凤麒麟纹胸背纹样复原（局部）	私人收藏	《丝绸之路与元代艺术——国际学术研讨会论文集》
66	缂丝牡丹团扇	辽宁省博物馆	《中国历代染织绣图录》
67	牡丹山石杂宝纹刺绣	美国克利夫兰艺术博物馆	*When Silk Was Gold*
68	柿蒂窠花卉纹刺绣	敦煌研究院	《千缕百衲——敦煌莫高窟出土纺织品的保护与研究》
69	黄地方搭花鸟妆花罗	内蒙古博物院	《中国丝绸艺术》
70	湖色绫地彩绣婴戏莲纹腰带	隆化民族博物馆	《纺织品考古新发现》
71	杂宝云纹缎（局部）	苏州博物馆	《中国历代染织绣图录》
72	团寿云纹缎纹样复原	美国大都会艺术博物馆	本书作者团队绘制
73	六字真言织金缎	私人收藏	《中国丝绸艺术》
74	纳石失靴套上的动物花鸟纹样复原	中国丝绸博物馆	本书作者团队绘制
75	黄地菱格宝相花织金锦纹样复原	甘肃省博物馆	本书作者团队绘制
76	柿蒂窠填花纹纬锦合欢裤面料（局部）	私人收藏	《中国丝绸科技艺术七千年——历代织绣珍品研究》
77	《营造法式》中的胡玛瑙窠图式		《营造法式》
78	红地团窠对鸟盘龙织金锦	私人收藏	《织绣珍品》
79	团窠对格力芬粟特锦	中国丝绸博物馆	中国丝绸博物馆
80	对鸟纹粟特锦纹样复原	中国丝绸博物馆	本书作者团队绘制
81	龟背朵花纹绸（局部）	隆化民族博物馆	《纺织品考古新发现》
82	卍字菱格小花纹绮纹样复原	中国丝绸博物馆	本书作者团队绘制

续表

图序	图片名称	收藏地	来源
83	卧鹿纹织金锦纹样复原	敦煌研究院	本书作者团队绘制
84	瓣窠花卉纹织金锦纹样复原	中国丝绸博物馆	本书作者团队绘制
85	菱格缠枝牡丹纹织金锦纹样复原	敦煌研究院	本书作者团队绘制
86	缠枝牡丹纹锦纹样复原	俄罗斯国立斯塔夫罗波尔博物馆	本书作者团队绘制
87	织成《仪凤图》	辽宁省博物馆	《中国丝绸科技艺术七千年——历代织绣珍品研究》
88	鹿纹方补	香港万玉堂	《中国丝绸艺术》

注:

1. 正文中的文物或其复原图片,图片注释一般包含文物名称,并说明文物所属时期和文物出土地 / 发现地信息。部分图片注释可能含有更为详细的说明文字。

2. "图片来源"表中的"图序"和"图片名称"与正文中的图序和图片名称对应,不包含正文图片注释中的说明文字。

3. "图片来源"表中的"收藏地"为正文中的文物或其复原图片对应的文物收藏地。

4. "图片来源"表中的"来源"指图片的出处,如出自图书或文章,则只写其标题,具体信息见"参考文献";如出自机构,则写出机构名称。

5. 本作品中文物图片版权归各收藏机构 / 个人所有;复原图根据文物图绘制而成,如无特殊说明,则版权归绘图者所有。

　　这本小书是《中国古代丝绸设计素材图系·金元卷》的姐妹篇。"中国古代丝绸设计素材图系"共 10 卷，颇受欢迎。此次《中国历代丝绸艺术·元代》在注重知识准确性的基础上，力求文字叙述更为通俗、生动，同时选配丰富的彩色图片，既有出土文物的照片，亦有纹样复原图，图文并茂，以期集知识性、艺术性于一体。本书亦将出版英文版，将特别有助于对中国丝绸艺术感兴趣的外国人士学习和了解中国丝绸艺术。

　　在整个编写过程中，我也收获了很多，主要是资料的收集和整理，以及在之前基础上的修改和完善。在书稿写作过程中，我得到了诸多前辈、同事和朋友的帮忙，为此，我真诚感谢俄罗斯斯塔夫罗波尔考古所高级研究员多德·兹维兹达纳、自由研究者徐文跃，尤其感谢我的同学兼同事徐丛璐老师，以及诸多为织物纹样复原出力的学生和朋友。书中丝织品的纹样复原图，历经多次修改，也经多人之手，恕不能一一道谢。同时，感谢浙江大学出版社的董唯编辑，虽未曾谋面，但在来来回回数十次的校稿过程中，我感受到了她的用心和细致。感谢我的单位浙江纺织服装职业技术学院，以及我的部门领导冯盈之教授对我写作的支持。

此外，我要感谢我的导师赵丰馆长，从开始接触丝绸艺术，到一步步地认识与深入，他带我进入悠久而富有魅力的丝绸艺术的殿堂。书稿的写作、完善历时三年，其间既经历了特殊的新冠疫情，又出现了一些身体的病痛，这样的时刻，还有艺术相伴，也算幸事。艺术和美，让我们不再专注于痛苦本身，反而是在对美的沉思中获得了宁静。但由于学识和时间的限制，一定还有很多不足之处，希望此书延续我与元代丝绸的不解之缘，在今后的日子里让我有机会不断深入和完善。同时也希望这本小书成为更多人，包括摸索着读书的少年们喜爱的知识读物。

最后，特别感谢我的家人，有你们的支持，我才能完成这本书。

茅惠伟

2021 年 6 月

于宁波鄞州

图书在版编目（CIP）数据

中国历代丝绸艺术.元代 / 赵丰总主编；茅惠伟著
.—杭州 : 浙江大学出版社，2021.6（2023.5重印）
ISBN 978-7-308-21371-4

Ⅰ.①中… Ⅱ.①赵… ②茅… Ⅲ.①丝绸—文化史
—中国—元代 Ⅳ.①TS14-092

中国版本图书馆CIP数据核字（2021）第090792号

中国历代丝绸艺术·元代

赵　丰　总主编　茅惠伟　著

丛书策划　张　琛
丛书主持　包灵灵
责任编辑　董　唯
责任校对　黄静芬
封面设计　程　晨
出版发行　浙江大学出版社
　　　　　（杭州市天目山路148号　　邮政编码　310007）
　　　　　（网址：http://www.zjupress.com）
排　　版　杭州林智广告有限公司
印　　刷　杭州宏雅印刷有限公司
开　　本　889mm×1194mm　1/24
印　　张　7.75
字　　数　128千
版 印 次　2021年6月第1版　2023年5月第3次印刷
书　　号　ISBN 978-7-308-21371-4
定　　价　88.00元